高等学校电子信息类专业系列教材

微波与卫星通信

（第二版）

主　编　姚　军　李白萍

副主编　刘　健　李　荣

西安电子科技大学出版社

内 容 简 介

本书对微波与卫星通信技术的基本原理、系统组成、工作特点以及相关应用和今后的发展进行了论述。

全书共分8章,内容包括:概述、微波与卫星通信传输通道、微波与卫星通信的通信体制、通信卫星的发射及轨道、卫星通信中的多址方式、微波通信系统设计、卫星通信系统设计、卫星通信技术的应用。特别是结合目前卫星通信的发展重点介绍了卫星通信技术及相关应用,并结合航天技术介绍了通信卫星的发射及轨道。

本书可作为高等院校通信、测控、导航专业本科学生的教材,也可作为从事相关工作的技术人员的参考书。

图书在版编目(CIP)数据

微波与卫星通信/姚军,李白萍主编. —2版. —西安:

西安电子科技大学出版社,2017.11(2022.3 重印)

ISBN 978 - 7 - 5606 - 4665 - 7

Ⅰ. ① 微⋯ Ⅱ. ① 姚⋯ ② 李⋯ Ⅲ. ① 微波通信 ② 卫星通信

Ⅳ. ① TN925 ② TN927

中国版本图书馆 CIP 数据核字(2017)第 269116 号

责任编辑 杨 薇 刘小莉

出版发行 西安电子科技大学出版社(西安市太白南路 2 号)

电   话 (029)88202421 88201467   邮 编 710071

网   址 www.xduph.com   电子邮箱 xdupfxb001@163.com

经   销 新华书店

印刷单位 陕西天意印务有限责任公司

版   次 2017 年 11 月第 2 版 2022 年 3 月第 9 次印刷

开   本 787 毫米×1092 毫米 1/16 印 张 12

字   数 278 千字

印   数 15 001～17 000 册

定   价 28.00 元

ISBN 978 - 7 - 5606 - 4665 - 7/TN

XDUP 4957002 - 9

前　　言

卫星通信作为 21 世纪的三大通信技术之一，是人们实现个人通信一个必备的基础平台，微波通信与卫星通信在使用频道上是相同的，技术上是相似的，本书以微波技术为基础，着重对卫星通信的发展、技术及应用进行了全面的阐述，力求将目前较新的技术及应用介绍给读者。

全书共分 8 章。第 1 章概述：简单介绍微波与卫星通信的基本概念、特点以及相关的系统组成，并在本章的最后对微波与卫星通信今后的发展方向进行了介绍。第 2 章微波与卫星通信传输通道：介绍无线电波的传输特性，微波传播的特性及外界环境对它的影响以及采取的措施。第 3 章微波与卫星通信的通信体制：介绍微波与卫星通信中应用到的信号传输方式、复用方式、调制方式、编码技术以及信号处理技术等。第 4 章通信卫星的发射及轨道：介绍通信卫星遵循的基本规律，发射中所涉及的概念、原理以及卫星轨道的相关知识。第 5 章卫星通信中的多址方式：介绍卫星通信中的多址技术以及各种多址技术的特点及应用。第 6 章微波通信系统设计：重点介绍微波通信系统的组成以及在设计时涉及的内容及指标。第 7 章卫星通信系统设计：重点介绍卫星通信系统的组成以及在设计时涉及的内容及指标。第 8 章卫星通信系统的应用：主要介绍卫星通信系统几种主要的应用，包括卫星通信系统在 Internet 中的应用、在定位系统中的应用、在航天系统中的应用以及卫星电视系统，并在最后对卫星通信的发展进行了展望。

本书第 1 章、第 3 章由李白萍教授编写，第 4 章、第 5 章由姚军编写，第 2 章、第 6 章由刘健编写，第 7 章、第 8 章由李荣编写，全书由李白萍教授进行统稿和审稿。

本书的编写得到陕西省通信工程特色专业建设点(No.［2011］42)和陕西省通信工程系列课程教学团队项目(No.［2013］32)的大力支持。

在本书编写和修订过程中，参阅了大量文献、技术标准和图书资料，在此谨向这些文献资料的原作者表示衷心的感谢。

由于微波与卫星通信技术发展速度快，加之编者的水平有限，书中难免存在疏漏和不妥之处，敬请读者批评、指正。

编者

于西安科技大学

2017 年 4 月

目　　录

第 1 章 概　述

1.1　微波与卫星通信的基本概念

微波与卫星通信的工作频率都在微波频段，它们有共同的特点，但各自又具有自身的特点，可以单独组成通信系统。

1.1.1　微波通信

微波是指频率为 300 MHz 至 3000 GHz 范围内的电磁波，是无线电波中一个有限频带的简称，即波长为 1 m～1 mm 的电磁波，是分米波、厘米波、毫米波和亚毫米波的统称。

微波通信则是指利用微波携带信息，通过电波空间进行传输的一种通信方式。当两点之间的通信距离超过 50 km 时，只要在传输路径上建立中继线路，就构成了微波中继通信。

微波的传播与光波类似，具有似光性、频率高、极化特性等传输特性，因此微波在自由空间中只能沿直线传播，其绕射能力很弱，且在传播中遇到不均匀的介质时，将产生折射和反射现象。正因为如此，在一定天线高度的情况下，为了克服地球的凸起而实现远距离通信就必须采用中继接力的方式，如图 1－1 所示，否则 A 站发射出的微波射线将远离地面而根本不能被 C 站接收。微波采用中继方式的另一个原因是，电磁波在空间传播过程中因受到散射、反射、大气吸收等诸多因素的影响，而使能量受到损耗，且频率越高，站距越长，微波能量损耗就越大。因此，微波每经过一定距离的传播后就要进行能量补充，这样才能将信号传向远方。由此可见，一条上万千米的微波通信线路是由许多微波站连接而成的，信息是通过这些微波站逐站由一端传向另一端的。

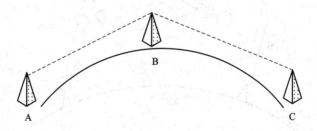

图 1－1　微波中继示意图

1.1.2　卫星通信

卫星通信是指利用人造地球卫星作为中继站转发或反射无线电信号，在两个或多个地球站之间进行的通信。这里，地球站是指设在地球表面（包括地面、海洋和大气中）上的无线电通信站。而用于实现通信目的的这种人造地球卫星叫做通信卫星，如图 1－2 所示。

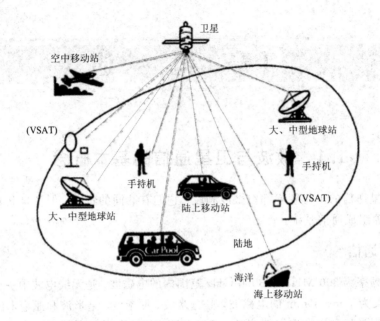

图 1-2　卫星通信示意图

可以看出,在通信卫星天线波束覆盖的地球表面区域内,各种地球站通过卫星中继站转发信号来进行通信。卫星通信实际上就是利用通信卫星作为中继站而进行的一种特殊的微波中继通信。

卫星通信是宇宙无线电通信的形式之一,国际电信联盟(ITU)规定,宇宙站是指设在地球大气层以外的宇宙飞行体(如人造卫星、宇宙飞船等)或其他天体(如月球或其他行星)上的通信站。把以宇宙飞行体为对象的无线电通信统称为宇宙通信,它有三种基本形式,如图 1-3 所示。

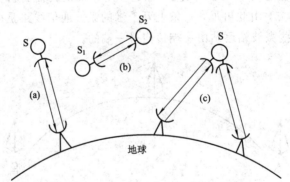

(a) 宇宙站与地球站之间的通信;(b) 宇宙站之间的通信;
(c) 通过宇宙站转发或反射而进行的地球站间的通信

图 1-3　宇宙无线电通信的三种基本形式

图 1-3(c)所示的通信方式通常称为卫星通信。当卫星是静止卫星时,称为静止通信卫星。利用卫星来传输电视信号时,常称为宇宙转播或卫星转播。

目前，绝大多数通信卫星是地球同步卫星（静止卫星），图 1-4 是静止卫星与地球相对位置的示意图。若以 120°的等间隔角度在静止轨道上配置三颗卫星，则地球表面除了两极区没有被卫星波束覆盖外，其他区域均在覆盖范围之内，而且其中部分区域为两个静止卫星波束的重叠区域，因此借助于重叠区域内地球站的中继（称为双跳），可以实现在不同卫星覆盖区内地球站之间的通信。由此可见，只要用三颗等间隔配置的静止卫星就可以实现全球通信，这一特点是其他任何通信方式所不具备的。静止卫星所处的位置分别在太平洋、印度洋和大西洋上空，它们构成的全球通信网承担着绝大部分的国际通信业务和全部国际电视信号的转播，如图 1-5 所示。

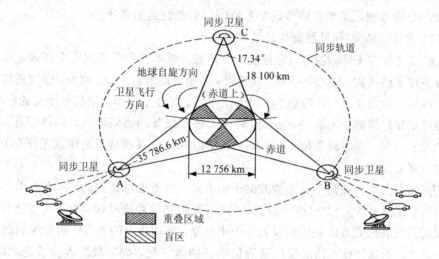

图 1-4　静止卫星配置的几何关系

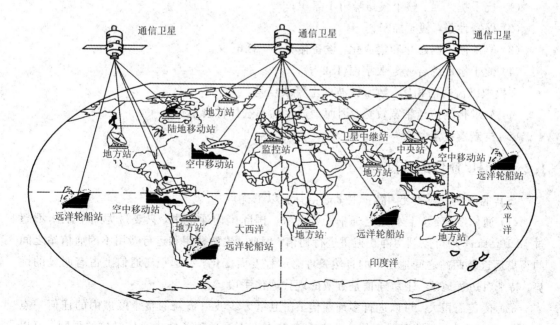

图 1-5　全球通信网

1.2 微波与卫星通信的特点

1.2.1 微波通信的特点

根据所传基带信号的不同，微波通信分为两种制式。

用于传输频分多路-调频制（FDM-FM）基带信号的系统称为模拟微波通信系统；用于传输数字基带信号的系统称为数字微波通信系统，数字微波通信系统又可细分为准同步数字系列（PDH）微波通信系统和同步数字系列（SDH）微波通信系统。

"微波、多路、接力"是微波通信最基本的特点。

"微波"是指微波工作频段宽，它包括了分米波、厘米波和毫米波三个频段，可容纳较其他频段多得多的话路。微波频率高，波长短，易制成高增益天线。此外，微波通信的可靠性和稳定性可以做得很高，因为基本不受天电干扰、工业干扰和太阳黑子变化的影响。

"多路"是指微波通信的通信容量大，即微波通信设备的通频带可以做得很宽。例如对 4 GHz 的设备而言，其通频带按 1% 计算，可达 40 MHz，其所提供的带宽正符合 ISDN 的宽带传输链路要求。

"接力"是目前广泛使用于视距微波的通信方式。由于地球是圆的，加之地面上的地貌（山川）所限，使得地球上两点（两个微波站）间不被阻挡的距离有限，为了可靠通信，一条长的微波通信线路需要在线路中间设若干个中继站，采用接力的方式传输发端的信息。

近年来，由于通信技术的发展以及通信设备的数字化，数字微波占据了绝对的比重。数字微波除了具有上面所说的微波通信的普遍特点外，还具有数字通信的特点：

（1）抗干扰性强、整个线路噪声不累积；

（2）保密性强，便于加密；

（3）器件便于固态化和集成化，设备体积小、耗电少；

（4）便于组成综合业务数字网（ISDN）。

和模拟微波通信相比，数字微波的主要缺点是：

（1）要求传输信道带宽较宽，因而会产生频率选择性衰落；

（2）抗衰落技术复杂。

1.2.2 卫星通信的特点

与其他通信手段相比，静止卫星通信具有以下优点：

（1）通信距离远，且费用与通信距离无关。国际国内通信中，只要最大通信距离不超过 18 100 km，均可以利用静止卫星进行通信。因此，建站费用和运行费用不因通信站之间的距离远近及两站之间地面上的自然条件恶劣程度而变化，在远距离通信上占有明显的优势。特别对边远地区，卫星通信是有效的现代通信手段。

（2）覆盖面积大，可以进行多址通信。在卫星天线波束覆盖的整个区域内的任何一点均可设置地球站，覆盖区域内的这些地球站基本上不受地理条件或通信对象的限制，可以共用一颗通信卫星来实现多址通信。

(3) 通信频带宽，传输容量大，适于多种业务传输。卫星通信使用微波频段，信号所用带宽达 500～1000 MHz 以上，传输容量可达几千至上万路电话，并可以传输高分辨率的照片和其他信息。

(4) 通信质量高，通信线路稳定可靠。卫星通信的电波主要是在大气层以外的宇宙空间传输的，接近真空状态，电波传播稳定；同时，由于卫星通信不受人为干扰以及通信距离变化的影响，不受地形及自然条件的影响，所以，通信质量高，通信线路稳定可靠。

(5) 通信电路灵活、机动性好。卫星通信不用考虑地势情况，在高空中、海洋上都可以实现通信，不仅能作为大型地球站之间的远距离通信干线，而且可以为车载、船载、地面小型机动终端以及个人终端提供通信，能够根据需要迅速建立同各个方向的通信联络，在短时间内将通信网延伸至新的区域，或者是使设施破坏的地区迅速恢复通信。

(6) 可以自发自收地进行监测。当收发端地球站处于同一覆盖区内时，本站也可以收到自己发出的信号，因此可以了解传输质量的优劣，以及监测本站发出信息的可靠性。

卫星通信的应用范围极其广泛，不仅用于传输话音、电报、数据等，还特别适用于广播电视节目的传送。

但是，静止卫星通信还有一些缺点：

(1) 静止卫星的发射与控制技术比较复杂。

(2) 地球的两极地区为通信盲区，而且地球的高纬度地区通信效果不好。

(3) 存在星蚀和日凌中断现象。

当卫星、地球和太阳处在一条直线上，并且卫星进入地球的阴影区时，会出现星蚀现象。在星蚀期间，卫星只能靠蓄电池供电。

而当每年春分和秋分前后数日，当卫星处在太阳和地球之间（仍为一条线上）时，因卫星在对准地球站天线的同时，也对准了太阳，因此受到了太阳的辐射干扰，进而造成了每天有几分钟的通信中断，这种现象称为日凌中断。

(4) 有较大的信号传输时延和回波干扰。

假设地球站与卫星间的通信距离为 40 000 km，发端地球站信号经卫星转发到收端地球站（信号一上、一下），单程传输时间约为 0.27 s，当进行双方通信（一问一答）时，就是 0.54 s。在进行语言通信时，这种信号的传输时延就会给人带来一种话音不自然的感觉。

(5) 具有广播特性，保密措施要加强。保密系统要从防窃听和信息加密两方面考虑。

1.3 微波通信系统

1.3.1 数字微波中继通信系统的组成

一条数字微波中继通信线路由终端站、中间站和再生中继站、终点站及电波的传播空间所构成，如图 1-6(a) 所示。

终端站的任务是将复用设备送来的基带信号或由电视台送来的视频及伴音信号，调制到微波频率上并发射出去；或者反之，将收到的微波信号解调出基带信号送往复用设备，或将解调出的视频信号及伴音信号送往电视台。线路中间的中继站的任务是完成微波信号

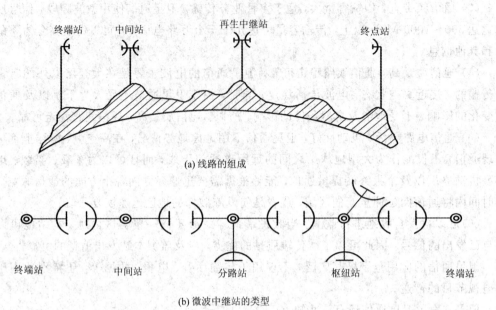

(a) 线路的组成

终端站　　　　　中间站　　　　　分路站　　　　　枢纽站　　　　　终端站

(b) 微波中继站的类型

图 1-6　数字微波中继通信线路的组成及微波中继站的类型

的转发和分路，所以中继站又分为中间站、分路站和枢纽站，如图 1-6(b)所示。中间站不能发送、接收话路信号，即不能上、下话路，而枢纽站能上、下话路。

1.3.2　微波中继站的中继方式

微波中继站的中继方式可以分成直接中继(射频转接)、外差中继(中频转接)、基带中继(再生中继)三种中继方式。不同的中继方式的微波系统构成是不一样的。中继方式可以是直接中继和中频转接，枢纽站为再生中继方式且可以有上下话路。

直接中继最简单，只是将收到的射频信号直接移到其他射频上，无需经过微波—中频—微波的上下变频过程，因而信号传输失真小。这种方式的设备量小，电源功耗低，适用于无需上下话路的无人值守中继站，其基本设备如图 1-7 所示。

图 1-7　直接中继方式

外差中继是将射频信号进行中频解调，在中频进行放大，然后经过上变频调制到微波频率，发送到下一站，其基本设备如图 1-8 所示。

基带中继是三种中继方式中最复杂的，如图 1-9 所示。它不仅需要上下变频，还需要调制解调电路，因此基带中继可以用于上下话路中，同时由于数字信号的再生消除了积累的噪声，传输质量得到保证。因此基带中继是数字微波中继通信的主要中继方式。一般在一条微波中继线上，可以结合使用三种中继方式。

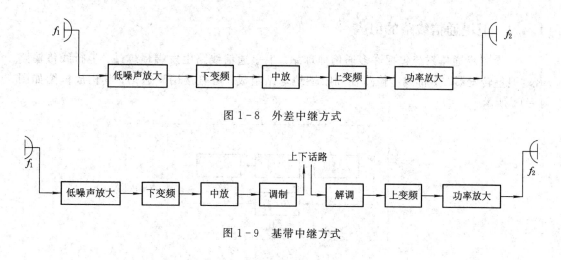

图 1-8　外差中继方式

图 1-9　基带中继方式

1.4　卫星通信系统

1.4.1　卫星通信系统的组成

卫星通信系统由空间分系统、通信地球站分系统、跟踪遥测及指令分系统和监控管理分系统等四大功能部分组成，如图 1-10 所示。空间分系统是指通信卫星，主要由天线分系统、通信分系统(转发器)、遥测与指令分系统、控制分系统和电源分系统组成。通信地球站分系统由天线馈线设备、发射设备、接收设备、信道终端设备等组成。各部分的功能后面再作介绍。跟踪遥测及指令分系统对卫星进行跟踪测量，控制其准确进入静止轨道上的指定位置，并对在轨卫星的轨道、位置及姿态进行监视和校正。监控管理分系统对在轨卫星的通信性能及参数进行业务开通前的监测和业务开通后的例行监测与控制，以保证通信卫星的正常运行和工作。地面跟踪遥测及指令分系统、监控管理分系统与空间相应的遥测及指令分系统、控制分系统并不直接用于通信，而是用来保障通信的正常进行。

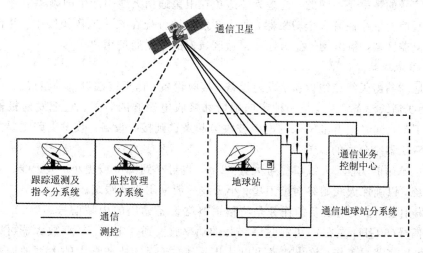

图 1-10　卫星通信系统的组成

1.4.2 卫星通信线路的组成

一个卫星通信系统包括许多通信地球站。卫星通信线路由发端地球站、上行线传输路径、卫星转发器、下行线传输路径和收端地球站组成，可直接用于通信，其构成框图如图1-11所示。

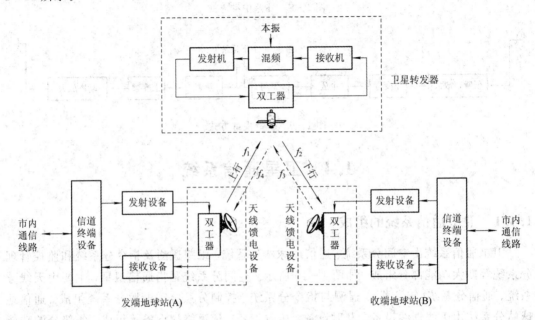

图 1-11 卫星通信线路的基本组成

1) 卫星转发器

通信卫星是一个设在空中的微波中继站，卫星中的通信系统称为卫星转发器，其主要功能是：收到地面发来的信号（称为上行信号）后，进行低噪声放大，然后混频，混频后的信号再进行功率放大，然后发射回地面（这时的信号称为下行信号）。卫星通信中，上行信号和下行信号的频率是不同的，这是为了避免在卫星通信天线中产生同频率信号干扰。

一个通信卫星往往有多个转发器，每个转发器被分配在某一工作频段中，并根据所使用的天线覆盖区域，租用或分配给处在覆盖区域内的卫星通信用户。

2) 通信地球站

通信地球站由天线馈线设备、发射设备、接收设备、信道终端设备等组成。

(1)天线馈线设备。天线是一种定向辐射和接收电磁波的装置。它把发射机输出的信号辐射给卫星，同时把卫星发来的电磁波收集起来送到接收设备。收发支路主要是靠馈源设备中的双工器来分离的。

根据地球站的功能，天线口径可大到 32 m，也可小到 1 m 或更小。大天线一般要有跟踪伺服系统，以确保天线始终对准卫星；小天线一般采用手动跟踪。

(2)发射设备。发射设备的任务是将信道终端设备输出的中频信号（70±18 MHz）变换成射频信号（6 GHz 左右），并把这一信号的功率放大到一定值。功率放大器可以单载波工作，也可以多载波工作，输出功率可以从几瓦到数千瓦。业务量大的大型地球站常采用速调管功率放大器，输出功率可达 3000 W。中型地球站常采用行波管功率放大器，功率等级为 100～400 W。随着微波集成电路技术的发展，固态砷化镓场效应管放大器（又称固态功放）在小型地球站中被广泛采用，功率等级从 0.25 W 到 125 W 不等。例如，TES 地球站属小型地球站，它采用了 10 W、20 W 两种固态功率放大器，其固态功放设备很小，可直接放在天线的馈源中心筒里。

（3）接收设备。接收设备的任务是把接收到的极其微弱的卫星转发信号首先进行低噪声放大（对 4 GHz 左右的信号进行放大，而放大器本身引入的噪声很小），然后变频到中频信号（70±18）MHz，供信道终端设备进行解调及其他处理。

早期的大型站常采用冷参量放大器作为低噪声放大器，噪声温度低到 20 K；中等规模的地球站常采用常温参量放大器作为低噪声放大器，噪声温度低到 55 K；小型的地球站大多采用砷化镓场效应管放大器，噪声温度从 40 K 到 80 K 不等。

（4）信道终端设备。对发送支路来讲，信道终端的基本任务是将用户设备（电话、电话交换机、计算机、传真机等）通过传输线接口输入的信号加以处理，使之变成适合卫星信道传输的信号形式。对接收支路来讲，则进行与发送支路相反的处理，将接收设备送来的信号恢复成用户的信号。

对用户信号的处理，可包括模拟信号数字化、信源编码/解码、信道编码/解码、中频信号的调制/解调等。目前，世界上有各种卫星通信系统，各种通信系统的主要特点主要集中在信道终端设备所采用的技术上。

1.5　微波与卫星通信的频率配置

1.5.1　微波通信的频率配置

一条微波通信线路有许多微波站，每个站上又有多波道的微波收发信设备。波道是指频分制微波通信系统中的不同射频通道。在数字微波接力通信系统中，为了提高射频频谱利用率，减小射频波道间或其他路由间的干扰，必须很好地解决射频波道的频率配置问题。

频率配置应包括各波道收发信频率的确定，并根据选定的中频频率确定收、发本振频率。在选择频率配置方案时，应遵循以下基本原则：

（1）在一个中间站，一个单向波道的收信和发信必须使用不同频率，而且有足够大的间隔，以避免电平很高的发送信号被本站的收信机收到，使正常的电平极低的接收信号受到干扰。

（2）多波道同时工作，相邻波道频率之间必须有足够的间隔，以免发生邻波道干扰。

（3）整个频谱安排必须紧凑合理，使给定的通信频段能得到经济的利用，并能传输较高的信号速率。

（4）因微波天线塔的建设费用很高，多波道系统要设法共用天线。所以选用的频率配置方案应有利于天线共用，达到既能降低天线建设总投资，又能满足技术指标的目的。

（5）不应产生镜像干扰。即不允许某一波道的发信频率等于其他波道收信机的镜像频率。

根据上述频率配置原则，当一个站上有多个波道工作时，为了提高频带利用率，对一个波道而言，宜采用二频制。即两个方向的发信使用一个射频频率，两个方向的收信使用另外一个射频频率。

1. 射频波道频率配置方式

ITU‑R 关于波道频率配置的建议规定了各频段的波道配置方法。在 ITU‑R 建议的基础上国家无线电委员会也公布了一系列的频率配置方案。这里主要介绍国家无线电委员会建议的三种频率配置方案。

1）集体排列方案

射频波道可以分为收信和发信波道。通常的做法是将某一频段的 $2n$ 个波道分割成低端与高端两段，每段有 n 个波道，分别记为 f_1、f_2、…、f_n 及 f'_1、f'_2、…、f'_n。对某台收发信机来说，如果发信波道取低端的话，则收信波道一定取高端相应的 f'_i，反之亦然，如图 1‑12 所示。这样 f_i 和 f'_i 就组成了一对波道，整个频段共有 n 对波道。我们还规定 $f'_i - f_i$ 为同一对波道的收发中心频率间隔。f_0 为中心频率，n 为工作波道对的数目，$\Delta f_{带宽}$ 为占用带宽，并有

$$\Delta f_{带宽} = 2(n-1)XS + YS + 2ZS \quad (MHz)$$

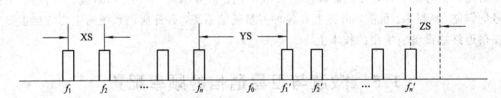

图 1‑12　多波道频率配置（集体排列方案）

其中 XS 为波道间隔，YS 为中心频率附近相邻的收、发信波道间隔，ZS 为相邻频段间的保护间隔。

上述排列方法称为集体排列，即收、发信频率是分开排列的。其优点是收、发信频段中相邻频点的工作电平基本相同，相互影响较小，这是常用的方法。在集体排列方案中，相邻收信频率（或发信频率）间隔可以小一些，而收、发频率间隔却可以选得大一些。这样安排，多个波道所占的频带仍较节省。更重要的是，集体排列方案在共用天线问题上有显著优点。当波道数小于 3 时（3 波道工作时可采用 1、3、5 波道或 2、4、6 波道），同一方向收信和发信可以共用一副天线。

2）交替波道配置方案

为了使更多的波道能够共用天线并减小系统内的干扰，现在微波天线大多采用双极化。对于双极化的天线和圆馈线，通常使用两种互相垂直的极化波——水平极化波和垂直极化波。由于这两种极化波互相垂直，它们相互间的影响就很小了。交替波道配置方案的奇数和偶数波道分别使用不同的极化方法，这种方案可以减少邻道干扰。

3）同波道交叉极化方案

为了提高频谱利用率，可以使用同波道交叉极化方案。为了更好地减少交叉极化干扰的影响，又提出了波道中心频率交替的同波道交叉极化频率复用方案。

2. SDH 常用频段的射频波道配置

根据 CCIR 第 746 号建议，SDH 微波通信系统的射频波道配置应该与现有的射频波道

配置方法兼容，便于 SDH 微波传输系统的推广，尽量减少对现有 PDH 微波传输系统的影响。原有 PDH 微波传输系统单波道传输的最高速率为 140 Mb/s，波道的最大带宽小于 30 MHz。在小于 30 MHz 的波道带宽内要传输 SDH 的各个速率等级有着很大的技术难度。为了适合 SDH 微波传输的需求，CCIR 将微波波道的最大传输带宽提高到 40 MHz。加拿大北方电信采用 512-QAM 调制及双波道并行传输的方法，利用两个 40 MHz 波道传输 STM-4 的信号速率。日本公司使用同波道交叉极化的方法，在一个波道中能传输 2×STM-1 信号，并且 30 MHz 和 40 MHz 两种波道带宽分别使用 128 QAM 和 64 QAM 的调制方法，较好地实现了与 PDH 微波传输系统的兼容。

"1～30 GHz 数字微波接力通信系统容量系列及射频波道配置"的国家标准中规定 1.5 GHz 和 2 GHz 频段的波道带宽较窄，取 2 MHz、4 MHz、8 MHz、14 MHz 波道带宽，适用于中、小容量的信号传输速率。4、5、6 GHz 频段的电波传播条件较好，用于大容量的高速率信号传输，如 SDH 信号的传输。选取这三个频段的部分射频波道的配置参数列于表 1-1，供参考。

表 1-1 射频波道频率配置方案

工作频段 /GHz	频率范围 MHz	传输容量 /Mb/s	中心频率 f_0/MHz	占用频带 MHz	工作波道数对 n	XS /MHz	YS /MHz	同一波道收发间隔 /MHz
2	1700～1900	8.448	1808	200	6	14	49	119
2	1900～2300	34.368	2101	400	6	29	68	213
4	3400～3800	2×34.368	3592	400	6	29	68	213
4	3800～4200	139.264	4003.5	400	6	29	68	213
6	6430～7110	139.264	6770	680	8	40	60	340
7	7125～7425	8.448	7275	300	20	7	28	161
8	7725～8275	34.368	8000	500	8	29.65	103.77	311.32
11	10 700～11 700	2×34.368 139.264	11200	1000	12	40	90	530

1.5.2 卫星通信的频率配置

卫星通信工作频段的选择是一个十分重要的问题。虽然卫星通信工作频段也属于微波频段(300 MHz～300 GHz)，但由于卫星通信电波传播的中继距离远，从地球站到卫星的长距离传输中，既要受到对流层大气噪声的影响，又要受到宇宙噪声的影响。因此，卫星通信工作频段的选取将影响到系统的传输容量、地球站发信机及卫星转发器的发射功率、天线口径尺寸及设备的复杂程度等。在选择工作频段时，主要考虑以下因素：

(1) 天线系统接收的外界干扰噪声要小。

(2) 电波传播损耗及其他损耗要小。

(3) 设备重量要轻，体积小，耗电小。

(4) 可用频带要宽，以满足传输容量的要求。

（5）与其他地面无线系统（微波中继通信系统、雷达系统等）之间的相互干扰要尽量小。

（6）能充分利用现有的通信技术和设备。

综合考虑各方面的因素，应将工作频段选择在电波能穿透电离层的特高频或微波频段。

目前大多数卫星通信系统选择在下列频段工作：

（1）UHF（超高频）频段——400/200 MHz。

（2）微波 L 频段——1.6/1.5 GHz。

（3）微波 C 频段——6.0/4.0 GHz。

（4）微波 X 频段——8.0/7.0 GHz。

（5）微波 Ku 频段——14.0/12.0 GHz 和 14.0/11.0 GHz。

（6）微波 Ka 频段——30/20 GHz。

随着通信业务的迅速增长，人们正在探索应用更高波段直至光波段的可能性。1971年，在世界无线电行政会议上，已确定将宇宙通信的频段扩展到 275 GHz。

大气层的对流层中的氧和水蒸气对电波有吸收作用，雨、雾以及雪也会对电波产生吸收和散射衰耗。人们通过大量的分析和实测，得出在 0.3～10 GHz 频段，大气对电波的吸收损耗最小，称为"无线电窗口"。另外，在 30 GHz 附近也有一个损耗低谷，称为"半透明无线电窗口"。选择工作频段时，应该考虑选在这些"窗口"附近。

另外，从外界噪声影响来看，当频率降至 0.1 GHz 以下时，宇宙噪声会迅速增加，所以最低频率不能低于 0.1 GHz。因此，从降低接收系统噪声角度考虑，卫星通信工作频段最好选在 1～10 GHz 之间。而最理想的频率在 6/4 GHz 附近。在实际应用中，国际卫星通信的商业卫星和国内区域卫星通信中大多数都使用 6/4 GHz 频段。其上行频率为 5.925～6.425 GHz，下行频率为 3.7～4.2 GHz，卫星转发器的带宽可达 500 MHz。该频段带宽较宽，便于利用成熟的微波中继通信技术，且由于工作频率较高，天线尺寸也较小。

为了不与上述的民用卫星通信系统干扰，许多国家的军用和政府用的卫星通信系统使用 8/7 GHz 频段。其上行频率为 7.9～8.4 GHz，下行频率为 7.25～7.75 GHz。

由于卫星通信业务量的急剧增加，1～10 GHz 的无线电窗口日益拥挤，14/11 GHz 频段已得到开发和使用。其上行频率为 14～14.5 GHz，下行频率为 10.95～11.2 GHz 和 11.45～11.7 GHz 等。

1.6　微波与卫星通信的发展

1.6.1　微波通信的发展

在 20 世纪中叶诞生的微波通信技术已经历了半个多世纪，它是以微波作为载体通过地面进行视距传播的一种无线中继通信手段。最初的微波通信系统都是模拟制式的，模拟微波通信系统每个收发信机可以工作于 60 路、960 路、1800 路或 2700 路通信，可用于不同容量等级的微波电路。它与当时的同轴电缆载波传输系统同为通信网长途传输干线的重要传输手段。

随着数字技术的发展，20 世纪 70 年代研制出了中小容量（如 8 Mb/s、34 Mb/s）的数字微波通信系统。20 世纪 80 年代后期，随着技术的不断发展，除了在传统的传输领域外，数字微波技术在固定宽带接入领域也越来越引起人们的重视。工作在 28 GHz 频段的 LMDS(本地多点分配业务)已在发达国家大量应用，预示数字微波技术仍将拥有良好的市场前景。

我国的数字微波通信系统的研究始于 20 世纪 60 年代。在 20 世纪 60 年代至 70 年代初为起步阶段，研制了小、中容量数字微波通信系统，并很快投入了应用，调制方式以四相相移键控(QPSK)为主，并有少量设备使用了八相相移键控(8PSK)调制。20 世纪 80 年代，我国数字微波通信的单波道传输速率上升到 140 Mb/s，调制方式采用 16QAM。20 世纪 80 年代后期至今，随着同步数字序列(SDH)在传输系统中的推广应用，数字微波通信进入了重要的发展时期。目前单波道传输速率可达 300 Mb/s 以上。

微波通信的发展趋势：① 可以作为干线光纤传输的备份和补充，采用 PDH 微波以及点对点的 SDH 微波等；② 可用于海岛、农村等边远地区以及专享通信网中为用户提供基本业务的场合，这时候可以使用微波点对点、点对多点系统；③ 用于城市的短距离支线连接，比如移动通信基站之间、局域网之间等方面。

1.6.2　卫星通信的发展

从 1957 年前苏联发射了世界上第一颗卫星 Sputnik 以来，卫星通信技术的发展非常迅速。1965 年春，第一颗商用卫星"晨鸟"进入静止轨道，成为第一代国际通信卫星。目前，国际通信卫星已经历 8 代，第 9 代正在建立，是当代全球最大的通信卫星系统。伴随着通信卫星的发展，通信卫星组织的发展也非常迅速。1962 年美国建立了通信卫星公司(COMSAT)。1964 年国际通信卫星组织(INTERSAT)成立。1979 年国际海事卫星通信组织(INMARSAT)成立。除了 INTERSAT、INMARSAT 等组织拥有全球通信系统外，还有许多地区和国家拥有区域性卫星通信系统，如欧洲、中国、中东等。

我国自 1970 年成功发射了第一颗卫星以来，已经先后发射了数十颗各种用途的卫星。现如今，我国的卫星通信技术已经迈入了国际领先领域。

卫星通信的发展趋势：① 地球同步轨道通信卫星向大容量、多波束、智能化等方面发展。② 低轨卫星群将会与蜂窝通信技术进行结合，从而实现全球个人通信。③ 小型卫星通信地面站的应用范围将会进一步扩大等。

本 章 小 结

(1) 微波通信、卫星通信的基本概念：微波通信是指利用微波携带信息，通过电波空间进行传输的一种通信方式；卫星通信实际上就是利用通信卫星作为中继站而进行的一种特殊的微波中继通信。

(2) 微波通信的特点是"微波、多路、接力"。静止卫星通信的优点是通信距离远，且费用与通信距离无关；覆盖面积大，可以进行多址通信；通信频带宽，传输容量大，适于多种业务传输；通信质量高，通信线路稳定可靠；通信电路灵活、机动性好；可以自发自收地进行监测。静止卫星通信的不足之处：静止卫星的发射与控制技术比较复杂；盲区及地球的高纬度地区通信效果不好；存在星蚀和日凌中断现象；有较大的信号传输时延和回波干扰；保密性差。

（3）数字微波通信线路由终端站、中间站和再生中继站、终点站及电波的传播空间所构成。

（4）卫星通信系统由空间分系统、通信地球站分系统、跟踪遥测及指令分系统和监控管理分系统等四大功能部分组成。

（5）卫星通信线路由发端地球站、上行线传输路径、卫星转发器、下行线传输路径和收端地球站组成。

（6）微波通信的频率配置遵循的原则是：单向波道的收信和发信必须使用不同频率；多波道同时工作，相邻波道频率之间必须有足够的间隔；频谱安排必须紧凑合理；系统应有利于天线共用；不应产生镜像干扰。

（7）卫星通信工作频段的选择区域：电波能穿透电离层的特高频或微波频段。

（8）卫星通信常用工作频段：UHF（超高频）频段（400 /200 MHz）；微波 L 频段（1.6/1.5 GHz）；微波 C 频段（6.0/4.0 GHz）；微波 X 频段（8.0/7.0 GHz）；微波 Ku 频段（14.0/12.0 GHz 和 14.0/11.0 GHz）；微波 Ka 频段（30/20 GHz）。

习　题

1-1　简述微波通信系统的组成及功能。

1-2　何谓星蚀和日凌中断？

1-3　简述静止卫星通信的主要优缺点。

1-4　简述卫星通信系统的组成及功能。

1-5　微波通信和卫星通信常用哪些频段？

第 2 章　微波与卫星通信传输通道

2.1　自由空间的电波传播

2.1.1　无线电波的传播特性

无线电波以多种传输方式从发射天线到达接收天线，主要包括自由空间波、对流层反射波、电离层波和地波。

（1）如图 2-1 中 1 所示，表面波传播是电波沿着地球表面到达接收端的传播方式。电波在地球表面上传播，可以以绕射方式到达视线范围以外。地面对表面波具有吸收作用，吸收的强弱与带电波的频率、地面的性质等因素有关。

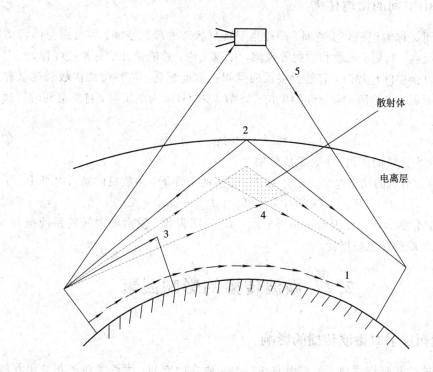

图 2-1　无线电波的传播特性

（2）天波传播是自发射天线发出的电磁波，在高空被电离层反射回来到达接收点的传播方式，如图 2-1 中 2 所示。电离层对电磁波除了具有反射作用以外，还有吸收能量与引起信号畸变等作用。其作用强弱与电磁波的频率和电离层的变化有关。

（3）如图 2-1 中 3 所示，视距传播是电波依靠发射天线和接收天线之间直视的传播方式，可以分为地对地视距传播和地对空视距传播。视距传播的工作频段为超短波及微波波段。此种工作方式要求天线具有强方向性且具有足够的架设高度，信号在传播中所受到的影响主要为视距传播中直射波对地面反射波之间的干涉。

（4）散射传播是利用大气层中对流层和电离层的不均匀性来散射电波，使电波到达视线以外的地方的传播方式，如图 2-1 中 4 所示。对流层在地球上方约 16.09 km（10 英里）处，是异类介质，反射指数随着高度的增加而减小。

（5）外层空间传播是无线电波在对流层、电离层以外的外层空间中的传播方式，如图 2-1 中的 5 所示。这种传播方式主要用于卫星或以星际为对象的通信中，以及用于空间飞行器的搜索、定位、跟踪等。自由空间波又称为直达波，沿直线传播，用于卫星和外部空间的通信，以及陆地上的视距传播。视线距离通常为 50 km 左右。

在电波的传输过程中，除了大气、气候对其传播产生影响以外，地面的影响较大，主要表现在这几方面：① 树林、山丘、建筑物等能够阻挡一部分电磁波的射线，从而增加了损耗；② 平滑的地面和水面可以将一部分的信号反射到接收天线上，反射波与入射波叠加后，有可能相互抵消而产生损耗；③ 当地面上无明显的障碍物时，主要表现为反射波对直射波的影响，反射是电平产生衰落的主要因素。

2.1.2　自由空间的微波传播

自由空间又称为理想介质空间，即相当于真空状态的理想空间。在自由空间传播的电磁波不产生反射、折射、吸收和散射等现象，也就是说，总能量并没有被损耗掉。

微波在自由空间传播时，其能量会因向空间扩散而衰耗。这种微波扩散衰耗就称为自由空间传播损耗。当距离 d 以 km 为单位、频率 f 以 GHz 为单位时，自由空间的传播损耗 L_s 为

$$L_s = 92.4 + 20\lg d + 20\lg f \tag{2-1}$$

式中：d 为收发天线的距离，f 为发信频率。

设 P_t 为发射机的功率电平，在自由空间传播的条件下，接收机的输入电平 P_r 为

$$P_r = P_t + (G_t + G_r) - (L_{ft} + L_{fr}) - (L_{bt} + L_{br}) - L_s \tag{2-2}$$

其中：G_r、G_t 分别为收、发天线的增益；L_{fr}、L_{ft} 分别为收、发两端馈线的系统损耗；L_{br}、L_{bt} 为收、发两端分路系统损耗。

2.2　微波传播的影响因素

2.2.1　地面反射对微波传播的影响

微波传输的实际介质是大气层而非均匀的介质自由空间。大气是在不断变化着的，这种变化对微波传播的影响以距地面约 10 km 以下的被称为对流层的低层大气层的影响为最甚。因为对流层集中了大气层质量的 3/4，当地面受太阳照射温度上升时，地面放出的热量使低层大气受热膨胀，因而造成了大气的密度不均匀，产生了对流运动。在对流层中，大气成分、压强、温度、湿度会随着高度的变化而变化，会使得在其中传播的微波被吸收、反射、折射和散射等。大气中的粒子都有其固定的电磁谐振频率。当电磁波通过这些物质

的时候，接近这些谐振频率的电波产生共振吸收，形成电波幅度的衰减。大气中的分子具有磁偶极子，水蒸气分子具有电偶分子，它们能从微波中吸收能量，形成大气吸收衰减。一般说来，水蒸气的最大吸收峰在 $\lambda=1.3$ cm 处，氧分子的最大吸收峰则在 $\lambda=0.5$ cm 处。对于频率较低的电磁波，站与站之间的距离是 50 km 以上时，大气吸收产生的衰减相对于自由空间产生的衰减是微不足道的，可以忽略不计。同时，雨雾中的小水滴会使电磁波产生散射，造成电磁波的能量损失，产生散射衰减。一般来讲，10 GHz 以下频段雨雾的散射衰耗并不太严重，通常 50 km 的两站之间只有几分贝。但若在 10 GHz 以上，散射衰耗将变得严重，使得站与站之间的距离受到散射的限制，通常只能为几千米。

　　理论上，自由空间是指无边际的空间，实际上这样的理想空间是不存在的。然而，对于某一特定方向而言，却存在着可以被视为自由空间传播的可能性，这种设定更有其实际的意义。从而引入电波传播费涅耳区的概念。

　　如图 2-2 所示，空间 A 处有一球面波源，以此为中心，半径为 R，构筑一球面。根据惠更斯-费涅耳原理，该球面上所有的同相惠更斯源可以视为远区观察点 P 的二次波源。设 P 点与 A 点相距 $d=R+r_0$，球面 S 可划分成 n 个环形带（$n=1,2,3,\cdots$），相邻两带的边缘到 P 的距离相差半个波长（物理学上这种环带被称为费涅耳半波带），即

$$\left.\begin{array}{l} R+r_1=R+r_0+\dfrac{\lambda}{2} \\[2mm] R+r_2=R+r_0+2\left(\dfrac{\lambda}{2}\right) \\[1mm] \vdots \\[1mm] R+r_n=R+r_0+n\left(\dfrac{\lambda}{2}\right) \end{array}\right\} \tag{2-3}$$

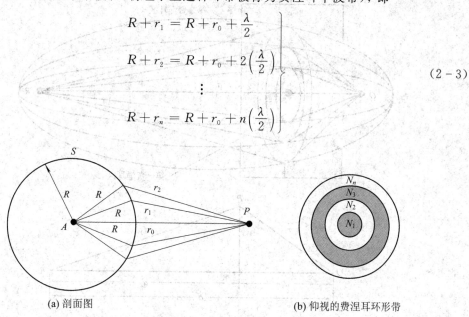

(a) 剖面图　　　　　　　　　　　　　(b) 仰视的费涅耳环形带

图 2-2　费涅耳半波带

　　在这种情况下，相邻两带的惠更斯源在 P 点的辐射呈 $\lambda/2$ 波程差，相差 $180°$，辐射场互相抵消。

　　当 $r_0 \gg \lambda$ 时，各带的面积近似相等。设第 n 个费涅耳半波带在 P 点产生的场强振幅为 $E_n(n=1,2,3,\cdots)$，由于每个费涅耳半波带的辐射路径不一样，因此有以下的关系式

$$E_1 > E_2 > E_3 > \cdots > E_n > E_{n+1} > \cdots \tag{2-4}$$

从平均角度而言，相邻两带对 P 点的贡献反相，于是 P 点的合成场振幅为

$$E = E_1 - E_2 + E_3 - E_4 + \cdots \tag{2-5}$$

如果将上式的奇数项拆成两部分，即 $E_n = \dfrac{E_n}{2} + \dfrac{E_n}{2}$，则式(2-5)可以重新写为

$$E = \frac{E_1}{2} + \left(\frac{E_1}{2} - E_2 + \frac{E_3}{2}\right) + \left(\frac{E_3}{2} - E_4 + \frac{E_5}{2}\right) + \left(\frac{E_5}{2} - E_6 + \frac{E_7}{2}\right) + \cdots \quad (2-6)$$

仔细观察上式，如果总带数足够大，利用式(2-4)的结论，可以认为

$$E \approx \frac{E_1}{2} \quad (2-7)$$

可见，在自由空间，从波源 A 辐射到观察点 P 的电波，从波动光学的角度看，可以认为是从多个费涅耳区传播而来，但起最重要作用的是第一费涅耳区。作为粗略近似，只要保证第一费涅耳区的一半不被地形地物遮挡，就能得到自由空间传播时的场强。所以在实际的通信系统的设计和实施中，主要关注第一费涅耳区的尺寸大小。

假设第一费涅耳区的半径为 F_1，则当各参数如图 2-3 所示时，根据第一费涅耳区半径的定义，有

$$\sqrt{F_1^2 + d_1^2} + \sqrt{F_1^2 + d_2^2} = d + \frac{\lambda}{2} \quad (2-8)$$

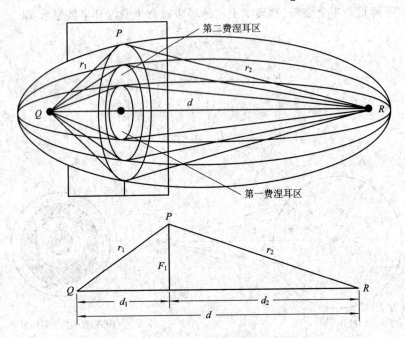

图 2-3 费涅耳区及第一费涅耳区相关参数

通常 $d_1 \gg F_1$，$d_2 \gg F_1$，因此将上式作一级近似，可得

$$F_1 = \sqrt{\frac{d_1 d_2 \lambda}{d}} \quad (2-9)$$

若 λ 的单位为 m，d_1、d_2、d 的单位为 km，则以 m 为单位的 F_1 可表示为

$$F_1 = 31.6 \sqrt{\frac{\lambda d_1 d_2}{d}} \quad (2-10)$$

显然，该半径在路径的中央 $d_1 = d_2 = d/2$ 处达到最大值

$$F_{1max} = \frac{1}{2}\sqrt{d\lambda} \tag{2-11}$$

实际上，划分费涅耳半波带的球面是任意选取的，因此当球面半径 R 变化时，尽管各费涅耳区的尺寸也在变化，但是它们的几何定义不变。而它们的几何定义恰恰就是以 A、P 为焦点的椭圆，如图 2-4 所示。如果考虑到以传播路径为轴的旋转对称性，不同位置的同一费涅耳半波带的外围轮廓线应是一个以收、发两点为焦点的椭球，因此，第一费涅耳椭球为电波传播的主要通道。

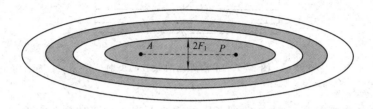

图 2-4　费涅耳椭球

由式（2-9）可知，波长越短，第一费涅耳区半径越小，相应的第一费涅耳椭球越细长。对于波长非常短的光波，椭球体则更加细长，因而产生了光学中研究过的纯粹的射线传播。由于电波传播的主要通道并非一条直线，即便某凸出物没有挡住收、发两点间的几何射线，但是已进入了第一费涅耳椭球，此时接收点的场强已经受到影响，该收、发两点之间不能视为自由空间传播。而当凸出物未进入第一费涅耳椭球，即电波传播的主要通道，此时才可以认为该收、发两点之间被视为自由空间传播。

如图 2-5 所示，即使地面上的障碍物遮挡了收、发两点间的几何射线，由于电波传播的主要通道未被全部遮挡住，因此接收点仍然可以收到信号，此种现象称为电波绕射。在地面上的障碍物高度一定的情况下，波长越长，电波传播的主要通道的横截面积越大，相对遮挡面积就越小，接收点的场强就越大，因此频率越低，绕射能力越强。

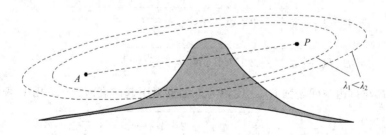

图 2-5　不同波长的绕射能力

由图可见 $r_1 + r_2 - d$ 就是反射波与直射波的行程差 $\Delta r = n\lambda/2$。显然当 Δr 是半波长的奇数倍时，反射波和直射波在 R 点的作用是相同的且是最强的，此时的场强得到加强；而 Δr 为半波长的偶数倍时，反射波在 R 点的作用是相互抵消的，此时 R 点的场强最弱。我们就把这些 n 相同的点组成的面称为费涅耳区。费涅耳区的概念对于信号的接收、检测、判断有重要的意义。

在不考虑地球的曲率，认为两站之间的地形为平面时，此地球表面称为平滑地面。在实际建设微波通信线路时，总是把收、发天线对准，以使收端收到较强的直射波。根据惠更斯原理，总会有一部分电波投射到地球表面，所以在收信点除收到直射波外，还要收到经地面反射并满足反射条件的反射波，如图 2-6 所示。

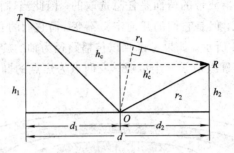

图 2-6 平滑地面对微波的反射

1) 余隙

路径上 O 的余隙是指反射点 O 到 TR 的垂直距离。由于线路上距离 $d \gg h'_c$，为了方便，常用 O 点的垂直地面的线段 h_c 近似表示余隙，即 $h_c \approx h'_c$，称为 O 点的余隙。

2) 直射波和反射波在收信点产生的合成场强

设 E_0 为自由空间传播时，直射波到达接收点的场强的有效值，则直射波场强的瞬时值为

$$e_1(t) = E_0 \cos\omega t \tag{2-12}$$

反射波场强的瞬时值为

$$e_2(t) = |\Phi| E_0 \cos\left[\omega t - \varphi - \frac{2\pi}{\lambda}(r_2 - r_1)\right] \tag{2-13}$$

在 R 点的矢量合成为

$$E = \sqrt{E_0^2 + E_0^2 |\Phi|^2 - 2E_0^2 |\Phi| \cos\left\{\pi - \left[\varphi + \frac{2\pi}{\lambda}(r_2 - r_1)\right]\right\}}$$

$$= E_0 \sqrt{1 + |\Phi|^2 + 2 |\Phi| \cos\left[\varphi + \frac{2\pi}{\lambda}(r_2 - r_1)\right]}$$

$$= E_0 \sqrt{1 + |\Phi|^2 + 2 |\Phi| \cos\left[\varphi + \frac{2\pi}{\lambda}\Delta r\right]} \tag{2-14}$$

将合成场强 E 与自由空间场强 E_0 之比称为地面反射引起的衰落因子，用 V 表示

$$V = \frac{E}{E_0} = \sqrt{1 + |\Phi|^2 + 2 |\Phi| \cos\left[\varphi + \frac{2\pi}{\lambda}\Delta r\right]} \tag{2-15}$$

通常用分贝（dB）来表示衰落损耗的程度，即

$$V_{dB} = 20 \lg V \tag{2-16}$$

将地面影响（有反射时）考虑在内，实际的收信点的电平为

$$P_r = P_{r0} + V_{dB} \tag{2-17}$$

其中：P_{r0} 是未考虑反射时的自由空间收信电平，以 dBm 为单位；P_r 为有衰落时的收信电平以，dBm 为单位。

3) 衰落因子 V 与行程差 Δr 的关系

为了便于观察，先分析反射系数 $|\Phi| = 1$ 的情况，即

$$V = \sqrt{1 + |\Phi|^2 + 2|\Phi|\cos\left[\varphi + \frac{2\pi}{\lambda}\Delta r\right]}$$

$$= \sqrt{2 - 2\cos\frac{2\pi}{\lambda}\Delta r} = \sqrt{2\left(1 - \cos\frac{2\pi}{\lambda}\Delta r\right)}$$

$$= \sqrt{2\left[2\sin^2\left(\frac{\pi}{\lambda}\right)\Delta r\right]} = 2\left|\sin\left(\frac{\pi}{\lambda}\right)\Delta r\right| \qquad (2-18)$$

根据式(2-18)可绘出衰落因子 V 与行程差 Δr 的关系曲线,如图 2-7 所示。

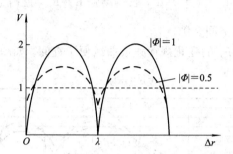

图 2-7　衰落因子 V 与 Δr 行程差的关系曲线

由图 2-7 中可知,当 $\Delta r = \lambda$、2λ、…时,反射点 P 相当于位于第二、四、六等各偶数费涅耳区的边缘。此时,收信点的合成场强必然是直射波与反射波在该点产生的场强反相相加,其结果是:干涉最小,合成场强最小。

当 $\Delta r = \frac{\lambda}{2}$、$\frac{3\lambda}{2}$、…时,反射点 P 相当于位于第一、三、五等各奇数费涅耳区的边缘。此时,收信点的合成场强必然是直射波与反射波在该点产生的场强同相相加,其结果是:干涉最大,合成场强最强。

由于 $\boldsymbol{E} = V\boldsymbol{E}_0$,知道 V 的规律也就知道了 $\boldsymbol{E}$ 的变化规律,当 $|\Phi| < 1$ 时,

$$V = \sqrt{1 + |\Phi|^2 - 2|\Phi|\cos\frac{2\pi}{\lambda}\Delta r} \qquad (2-19)$$

此时,V 的最大值小于 2,V 的最小值大于 0。

在工程上,一般不采用 Δr 去计算衰落因子 V,而是借助余隙 h_c 去计算 V。

已知

$$r_1 = \sqrt{d^2 + (h_1 - h_2)^2} = d\sqrt{1 + \frac{(h_1 - h_2)^2}{d^2}} \approx d + \frac{(h_1 - h_2)^2}{2d}$$

$$r_2 \approx d + \frac{(h_1 + h_2)^2}{2d}$$

$$\Delta r = r_2 - r_1 = \frac{2h_1 h_2}{d} \approx \frac{d h_c^2}{2d_1 d_2} \qquad (2-20)$$

又已知

$$F_1 = \sqrt{\frac{\lambda d_1 d_2}{d}} \Rightarrow d_1 d_2 = \frac{F_1^2 d}{\lambda}$$

将其代入式(2-20),则

$$\Delta r = \frac{dh_c^2}{2d_1 d_2} = \frac{dh_c^2 \lambda}{2F_1^2 d} = \frac{\lambda}{2}\left(\frac{h_c}{F_1}\right)^2$$

再将上式代入式(2-19)，得

$$V = \sqrt{1 + |\Phi|^2 - 2|\Phi|\cos\left[\pi\left(\frac{h_c}{F_1}\right)^2\right]} \qquad (2-21)$$

式中：h_c 为余隙；F_1 为第一费涅耳区半径。

当 $\frac{h_c}{F_1} = 0.577$ 时，$V = 1$，$V_{dB} = 0$ dB，收信场强 $\boldsymbol{E} = \boldsymbol{E_0}$，此时余隙具有特殊意义，记为 $h_0 = 0.577F_1$，称其为自由空间余隙。

工程上是将 V_{dB} 随 h_c/F_1 的变化规律作成曲线便于查阅，如图 2-8 所示。

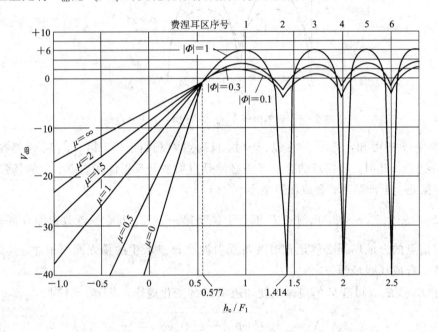

图 2-8　V_{dB} 与 h_c/F_1 的关系曲线

从图 2-8 中可以看出，衰落因子的大小与相对余隙有关，当 $h_0/F_1 < 0.577$ 时，发生绕射衰落且衰落幅度较大，随着余隙的增大，反射点处于第一费涅耳区，反射信号与直射信号同相相加，使得衰落因子出现正值，余隙增加到一定程度时，反射点进入第二费涅耳区内，反射信号与直射信号反相，衰落因子急剧下降甚至造成信号的中断。

2.2.2　大气对微波传播的影响

前面讲的平滑地面的反射所指的空间环境为均匀的。因此，微波传播中不论是直射波还是反射波都不会产生折射。但实际上大气是不均匀的，大气的成分、压强、温度和湿度都随高度而变化，它们的变化引起大气折射率也随高度而变化，这将导致电波传播方向发生变化，产生折射。

大气折射由折射率 n 表示，指电波在自由空间的传播速度 c 与电波在大气中的传播速度 v 的比值，记作

$$n = \frac{c}{v} \tag{2-22}$$

n 值通常在 1.0 到 1.00045 之间，为了便于计算，又定义了折射率指数 $N = (n-1) \times 10^6$。在自由空间 $N=0$；在地球表面 $N=300$ 左右。

折射率梯度表示折射率随高度的变化率，体现了不同高度的大气压力、温度、湿度对大气折射的影响，记作 $\frac{\mathrm{d}n}{\mathrm{d}h}$。

(1) $\frac{\mathrm{d}n}{\mathrm{d}h} > 0$，$n$ 随高度的增加而增加，由式(2-22)看出 $v \propto \frac{1}{n}$，即 v 随高度的增加而减小，使微波传播的轨迹向上弯曲，如图 2-9(a)所示。

(2) $\frac{\mathrm{d}n}{\mathrm{d}h} < 0$，$v$ 随高度的增加而增加，使微波传播的轨迹向下弯曲，如图 2-9(b)所示。

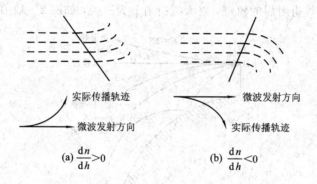

(a) $\frac{\mathrm{d}n}{\mathrm{d}h} > 0$　　　　　　(b) $\frac{\mathrm{d}n}{\mathrm{d}h} < 0$

图 2-9　大气折射对微波轨迹的影响

如前所述，由于大气的折射作用，使得实际的微波传播不再是按直线进行，而是按曲线传播。如果考虑微波射线轨迹弯曲，将给电路设计带来困难，这样便不能直接用直线射线的分析方法来计算衰落因子。能否假定微波射线是直线，改变其他条件去模拟大气折射的影响呢？

为了便于分析，引入等效地球半径的概念。即把微波射线仍看成直线，而把地球半径 R_0 等效为 R_e，如图 2-10 所示。

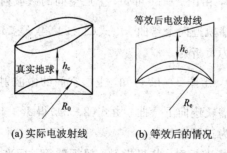

(a) 实际电波射线　　　　(b) 等效后的情况

图 2-10　等效示意图

等效的条件是：微波轨迹与地面之间的高度差 h_e 相等，或等效前、后的微波路径与球形地面之间的曲率之差保持不变。

定义 K 为等效地球半径系数

$$K = \frac{R_e}{R_0} \qquad\qquad (2-23)$$

K 与折射率的关系为

$$K = \frac{1}{1 + R_0 \dfrac{\mathrm{d}n}{\mathrm{d}h}} \qquad\qquad (2-24)$$

式中：R_0 为实际地球半径，$R_0 = 6370$ km。由式（2-24）看出，K 决定于折射率梯度 $\dfrac{\mathrm{d}n}{\mathrm{d}h}$，而 $\dfrac{\mathrm{d}n}{\mathrm{d}h}$ 又受温度、湿度、压力等条件的影响，所以 K 是反映气象条件变化对微波传播影响的重要参数。

根据微波受大气折射后的轨迹，将大气折射分为三类，如图 2-11 所示。

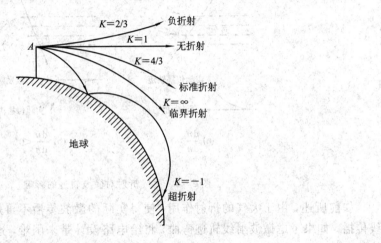

图 2-11　大气折射的分类

（1）无折射：当 $\dfrac{\mathrm{d}n}{\mathrm{d}h} = 0$，$n$ 不随大气的垂直高度而变化。$K = 1$，$R_e = R_0$。

（2）负折射：当 $\dfrac{\mathrm{d}n}{\mathrm{d}h} = 0$，由图 2-11 可知，上层空间的微波射线速度小，下层空间的微波射线速度大，使微波传播轨迹向上弯曲。由式（2-24）得 $K < 1$，因微波射线弯曲方向与地球弯曲方向相反，故称为负折射。

（3）正折射：当 $\dfrac{\mathrm{d}n}{\mathrm{d}h} < 0$，由图 2-11 可知，上层空间的微波射线速度大，下层空间的微波射线速度小，使微波传播轨迹向下弯曲。由式（2-24）得 $K > 1$，因微波射线弯曲方向与地球弯曲方向相同，故称为正折射。

正折射可进一步分为标准折射、临界折射、超折射等。标准折射是指微波射线的曲率半径 $\rho = 4R_0$，此时的等效地球半径系数 $K = 4/3$，称为标准折射。临界折射是指微波射线轨迹恰好与地面平行，此时，$K = \infty$。超折射是指大气层内呈现连续折射的现象，在大气层与地球表面形成大气波导。

大气折射使微波射线路径弯曲，将会导致余隙的增大或减小，余隙的变化必然引起

V_{dB}的变化，进而使得收信点接收电平P_r发生变化。当使用等效地球半径的概念后，我们仍可视微波射线为直线，而认为地球半径有了变化，由实际半径R_0变为等效半径R_e，如图2-12所示。

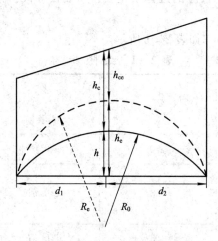

图2-12　折射引起的余隙变化

图2-12中虚线为等效后的地球凸起高度；实线为实际地球凸起高度。

当无折射时，地球半径为R_0，余隙为h_c，地球突起高度为h，d_1、d_2为反射点到收发两端的水平距离，则任一点的地球凸起高度为

$$h \approx \frac{d_1 d_2}{2R_0} \qquad (2-25)$$

当考虑电波折射后，地球等效半径为R_e，等效后地球凸起高度为

$$h_e = \frac{d_1 d_2}{2R_e} = \frac{d_1 d_2}{2KR_0} \qquad (2-26)$$

当d_1、d_2以km为单位，其中$R_0 = 6370$ km，代入上式，则有

$$h_e = \frac{4}{51} \frac{d_1 d_2}{K} \qquad (2-27)$$

其中：h_e的单位为m。

设地球凸起的高度变化为Δh_e，由图2-12可见，在数值上，余隙的变化就是地球凸起高度的变化，即

$$\Delta h_c = \Delta h_e = h - h_e = \frac{d_1 d_2}{2R_0} - \frac{d_1 d_2}{2KR_0} = \frac{d_1 d_2 (K-1)}{2KR_0} \qquad (2-28)$$

等效后的余隙h_{ce}为

$$h_{ce} = h_c + \Delta h_c = h_c + \frac{d_1 d_2 (K-1)}{2KR_0} \qquad (2-29)$$

可见：当$K > 1$（正折射）时，等效的余隙h_{ce}增大；当$K < 1$（负折射）时，等效的余隙h_{ce}减少。

由于大气折射的影响，使得传播余隙发生变化，当$K < 1$（负折射）时，h_{ce}减少，若减小的太多，使视距路径变成障碍路径，引起直射波部分受阻（衰落）或全部受阻（中断），此时发生的衰落称为绕射衰落，且衰落的程度与h_{ce}/F_1有关，而第一费涅尔区半径与频率的平

方根成反比，所以频率越高绕射衰落越大；当 $K>1$（正折射）时，h_{ce} 增大，且 K 越大，h_{ce} 越大，但余隙并不是越大越好，因为当反射点处于偶数费涅尔区时会造成收信电平的下降，所以对无折射或标准折射下余隙的选择很重要。一般在标准折射时，选择 $h_c = h_0 \sim \sqrt{3} h_0$，即 $h_c/F_1 = 0.577 \sim 1$ 之间。

通常所遵循的余隙标准，如表 2-1 所示。

表 2-1　余　隙　标　准

障碍物类型 ＼ 余隙值要求 ＼ K 值	K_{min}	4/3	∞
刃型	$\geqslant 0$	$\geqslant 0.6F_1$	—
等效地面反射系数不小于 0.7 的光滑地面	$\geqslant 0.3F_1$	$\geqslant 0.6F_1$	$\leqslant 1.38F_1$
其他	$\geqslant 0.3F_1$	$\geqslant 0.6F_1$	—

注：其中，K 为等效地球半径系数；F_1 为第一费涅耳区半径；K_{min} 指仅 0.1% 时间内可以小于它的值。

【例 2-1】　设微波通信频率为 8 GHz，站距为 50 km，若路径为真实的光滑球形地面，求：(1) 当不计气象影响时（$h_e = 0$），为保证 h_0 的自由传播空间不受阻挡，收、发天线高度 H_{min} 应为多少米（设收发天线等高）？(2) 当 $K = 2/3$ 时，即考虑气象条件对电波传播的影响，且要求 $h_c \geqslant h_0$ 时，收、发信天线高度至少应为多少米？

解　(1) 根据题意，所给地形为光滑球面，故可设线路中点为地球凸起高度最高点和反射点，因设收、发天线等高（$H_1 = H_2$），可画出图 2-13。

$$\lambda = \frac{c}{f} = \frac{3 \times 10^8}{8 \times 10^9} = 0.0375 \text{(m)}$$

根据上面的假设，$d_1 = d_2 = 25$ km，自由空间余隙为

$$h_0 = \sqrt{\frac{1}{3} \cdot \frac{\lambda d_1 d_2}{d}}$$

$$= \sqrt{\frac{1}{3} \times \frac{0.0375 \times 25 \times 25 \times 10^3}{50}}$$

$$\approx 12.4 \text{(m)}$$

(2) 考虑气象条件的影响，$K = 2/3$ 时，地球凸起高度为

$$h_e = \frac{4d_1 d_2}{51K} = \frac{4 \times 25 \times 25}{51 \times (2/3)} \approx 73.53 \text{(m)}$$

$$H_{min} = h_0 + h_e = 12.4 + 73.53 = 85.93 \text{(m)}$$

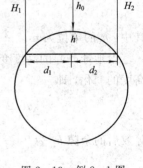

图 2-13　例 2-1 图

本题是以保证自由空间余隙为前提的，当不考虑气象条件的影响时，即 $h_e = 0$，当 $K = \infty$ 时，地球凸起高度为零，最小天线高度将最矮；当 $K = 2/3$ 时，因地球凸起高度增大，最小天线高度将最高。

反之，若天线高度固定，$K = 2/3$ 时，余隙最小，$K = 4/3$ 时，余隙居中，$K = \infty$ 时，余

隙最大。

复杂地形地面的典型断面如图 2 - 14 所示，实际微波路径多类似为这种断面。

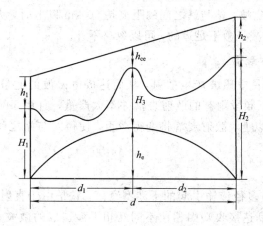

图 2 - 14　复杂地形地面断面图

从几何关系可导出考虑大气折射时余隙 h_{ce} 的表达式为

$$h_{ce} = \frac{(h_1 + H_1)d_2 + (h_2 + H_2)d_1}{d} - H_3 - h_e \qquad (2 - 30)$$

式中：H_1、H_2 为收、发点山顶海拔高度(m)；H_3 为反射点海拔高度(m)；h_1、h_2 为收、发天线的高度(m)；d_1、d_2 为收、发点到反射点的位置(km)；d 为站距(km)；h_e 为反射点等效地球凸起高度(m)。

2.2.3　微波传播中的衰落特性

实际中，微波传播路径的大气不可能总是混合得非常均匀，因此存在对流、平流、湍流及雨雾等大气现象，它们都是由对流层中一些特殊的大气环境造成的，并且呈现随机性。加上地面反射对电波传播的影响，就使发信端到接收端之间的电波被散射、折射、吸收，或被地面反射。在同一瞬间，可能只有一种现象发生(影响较明显)，也可能几种现象同时发生，其发生的次数及影响程度都带有随机性。这些影响会使收信点场强(或电平)随时间而变化，这种收信电平随时间起伏变化的现象，叫做微波传播的衰落现象。

衰落的持续时间有长有短。持续时间短的为几毫秒至几秒，称为快衰落；持续时间长的从几分至几小时，称为慢衰落。当衰落发生时，接收电平低于自由空间电平时称为下衰落；高于自由空间电平时称为上衰落。由于信号的衰落情况是随机的，因而无法预知某一信号随时间变化的具体规律，只能掌握信号随时间变化的统计规律。信号的衰落现象严重地影响微波传播的稳定性和系统可靠性。

研究表明：视距传播衰落的主要原因是大气与地面效应。就发生衰落的物理原因而言，可以分成以下几类。

1. 大气吸收衰落

物体都是由带电的粒子组成，这些粒子都有其固定的电磁谐振频率。当通过这些物质的电磁频率接近物质本身粒子的谐振频率时，这些物质对微波就会产生共振吸收。大气中的分子具有磁偶极子，水蒸气分子具有电偶分子，它们能从微波中吸收能量，使微波产生衰减。

一般说来，水蒸气的最大吸收峰在 $\lambda=1.3$ cm 处，氧分子的最大吸收峰则在 $\lambda=0.5$ cm 处。对于频率较低的电磁波，站与站之间的距离是 50 km 以上时，大气吸收产生的衰减相对于自由空间产生的衰减是微不足道的，可以忽略不计。

2. 雨雾引起的散射衰落

雨雾中的小水滴会使电磁波产生散射，从而造成电磁波的能量损失，产生散射衰落。一般来讲，10 GHz 以下频段雨雾的散射衰落并不太严重，通常 50 km 的两站之间只有几分贝。但若在 10 GHz 以上，散射衰落将变得严重，使得站与站之间的距离受到散射的限制，通常只能为几千米。

3. K 型衰落

K 型衰落是一种由多径传输引起的干涉型衰落，它是由于直射波与地面反射波（或在某种情况下的绕射波）到达接收端因相位不同互相干涉造成的微波衰落。其相位干涉的程度与行程差有关，而在对流层中，行程差 Δr 是随 K 值（大气折射的重要参数）变化的，故称 K 型衰落。这种衰落尤其在传输线路经过水面、湖泊或平滑地面时特别严重，因气象条件的突然变化，可能还会造成通信中断。因地面影响产生的反射衰落及因大气折射产生的绕射衰落，当其衰落深度随时间变化时引起的衰落均属 K 型衰落。

除地面效应外，大气中有时出现的突变层也能使微波反射或散射，并同直射波和地面反射构成了微波的多径传输，在接收点产生干涉，这也是一种 K 型衰落，K 型衰落又叫多径衰落。

4. 波导型衰落

由于各种气象条件的影响，如早晨地面被太阳晒热，夜间地面的冷却，以及海面和高气压地区等都会造成大气层中的不均匀结构。当电磁波通过对流层中这些不均匀层时，将产生超折射现象，形成大气波导。只要微波射线通过大气波导，而收、发两点在波导层下面，如图 2-15 所示，则收信点的电场强度除了直射波和地面反射波外，还可能收到波导层的反射波，形成严重的干涉型衰落，并往往造成通信中断，这种衰落称为波导型衰落。

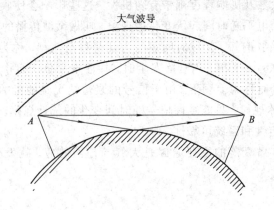

图 2-15 大气波导形成的反射波

5. 闪烁衰落

对流层中的大气常常发生体积大小不等、无规则的漩涡运动，称为大气湍流。大气湍流形成的一些不均匀小块或层状物使介电常数 ε 与周围不同，并能使电波向周围辐射，这就是对流层散射，如图 2-16 所示。

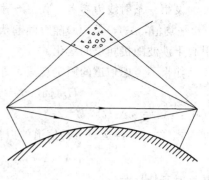

在收信点，天线可收到多径传来的这种散射波，它们发生变化，并形成快衰落，服从于瑞利分布。

在视距微波通信中，对流层散射到收信点的多径电场强度叠加在一起，使收信电场强度降低，形成了闪烁衰落。由于这种衰落持续时间短，电平变化小，一般不至于造成通信中断。

图 2-16　对流层散射

6. 频率选择性衰落

由前面讨论的内容知道，对一个微波接收站而言，收信点除了可以收到直射波外，还会收到来自路径某点的反射波。大气效应又使大气层中产生一些随机的、不依赖于任何固定反射面的反射和散射电波，即收信点可以收到多个途径传来的电波，这就是多径传播现象。多个途径的电波在收信点有着随机变化的振幅和相位，收信点电平是它们相互干涉结果的矢量和，所以收信电平也将随这种多径传播现象产生多径的干涉型衰落。在接收的合成信号中，表现在某个小频带内的频率衰减过大，使信号在整个频带内，不同频率的衰落深度不同，这种现象称为多径衰落。这种衰落就是频率选择性衰落。产生这种衰落时，接收的信号功率电平不一定小，但其中某一些频率成分幅度过小，使信号产生波形失真。数字微波对这种衰落反应敏感，由于波形失真会形成码间串扰，使误码率增加，所以对数字微波电路设计来讲，克服频率选择性衰落是一个重要的课题。解决频率选择性衰落仅考虑增加发射功率是不行的，最好的解决办法是采用分集接收和自适应均衡技术。

频率选择性衰落是由多径传播产生的干涉型衰落现象引起的。我们可把多径传播归纳为两种类型：一种是直射波与地面反射波形成的多径；另一种是低空大气层大气效应造成的几种途径并存的多径。一般地说，第一种是主要的，是必然发生的。第二种是次要的，不一定经常发生。但是，当地面反射波强度很弱，甚至很微弱时，第二种多径影响就将成为主要因素。因多径干涉型衰落是由几条不同路径的电波相干涉而产生的，所以从原理上讲，对其衰落模型的研究应该由几条波束进行合成。但是，在视距微波线路上，三条以上波束相干涉所造成的衰落使微波电路质量变坏的概率较小，故一般都是对两条波束模型产生的干涉型衰落机理进行研究。

两条射线（波束）传输信道的等效电路如图 2-17 所示。

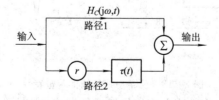

图 2-17　两条射线传输信道的等效电路

图中路径 1 表示直射波射线，路径 2 表示干涉波（反射波或折射波）射线，令 r 为干涉波对直射波的振幅比。

设第一条射线为参考，第二条射线相对于第一条射线的延时为 $\tau(t) = \tau_0 + \Delta\tau(t)$。$\tau_0$ 是 $\tau(t)$ 平均值，$\Delta\tau(t)$ 是 $\tau(t)$ 随时间起伏变化的部分，一般来说 $\Delta\tau(t)$ 是微小的，但它却足以引起干涉波随机相位的变化。

如果不考虑信道的固定衰减，图 2.17 等效电路的传输函数为

$$H_C(\mathrm{j}\omega, t) = 1 + r\mathrm{e}^{-\mathrm{j}\omega\tau(t)} = 1 + r\mathrm{e}^{-\mathrm{j}[\omega\tau_0 + \varphi(t)]} \tag{2-31}$$

式中：$\varphi(t) = \omega\Delta\tau(t)$，$\omega = 2\pi f$。

式（2-31）经运算可得信道的振幅特性为

$$A(\omega, t) = \sqrt{1 + 2r\cos[\omega\tau_0 + \varphi(t)] + r^2} \tag{2-32}$$

其群时延特性为

$$T(\omega, t) = r\tau_0 \frac{r + \cos[\omega\tau_0 + \varphi(t)]}{1 + 2r\cos[\omega\tau_0 + \varphi(t)] + r^2} \tag{2-33}$$

若固定某一时刻，$A(\omega, t)$ 和 $T(\omega, t)$ 就变成是频率的函数了。相应的幅频特性 $A(f)$ 和群时延特性 $T(f)$ 曲线如图 2-18 所示。这样，就出现了幅频特性和群时延特性的谷值，由式（2-32）和式（2-33）相应地得到当 $\omega\tau_0 + \varphi(t) = (2n+1)\pi$ 时，

$$A_{\min} = 1 - r \tag{2-34}$$

$$T_{\min} = -\frac{r\tau_0}{1 - r} \tag{2-35}$$

当 $\omega\tau_0 + \varphi(t) = 2n\pi$ 时，出现幅频特性和群时延特性的峰值，由式（2-32）和式（2-33）相应地得到，而实际上合成波的幅频特性和群时延特性是随时间而变化的，不同的瞬时，峰值和谷值在频率轴上的位置也就不同。时间不断变化，峰谷值就将在频率轴上不断移动，微波信号的衰落深度也就随频率而变化，因此，这种因多径传播而造成的衰落称为频率选择性衰落。

在图 2-18(a) 中，横坐标表示微波信号的频率，纵坐标表示幅频特性，从左到右排列 8 个波道的带宽。如图 2-18(a) 所示第 4、5 波道无频率选择性衰落，幅频特性是平坦的；而第 2、7 波道却有很深的频率选择性衰落，通带内的幅频特性偏差较大，呈现一个很深的凹陷；而 1、3、6、8 波道则有较明显的幅频特性倾斜。

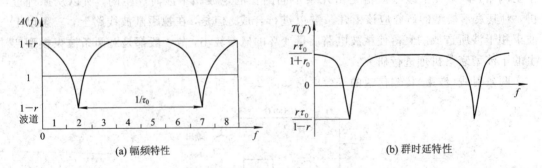

(a) 幅频特性　　　　　　　　　　(b) 群时延特性

图 2-18　两条射线信道的传输特性

如图 2-18 所示的频率选择性衰落将使微波信号产生带内失真；如果系统的频率配置采用同频双极化工作，还会使交叉极化鉴别度下降；另外，系统具有的抗深度衰落能力（衰落储备）也要受到影响。

(1) 引起带内失真。

　　带内失真是指微波信号(已调波)在通带内的幅频特性和群时延频率特性具有非线性，信号的各频谱成分的 $A(f)$、$T(f)$ 特性随频率呈起伏变化的失真，如图 2-18 所示。频率选择性衰落引起的带内失真与信号的传输带宽有关，带内失真会导致解调后数字信号的波形失真，波形失真又会造成码间干扰，产生高误码，使系统性能变差。

　　(2) 使交叉极化鉴别度下降。

　　在收发共用天线系统中，采用同频(双极化)再用方案时，会引起频率相同、极化正交的两个波道之间的干扰，称之为交叉极化干扰。

　　交叉极化鉴别度用 XDP 电平值表示，即

$$\text{XDP} = 10 \lg \left(\frac{P}{P_\text{x}} \right) \qquad (2-36)$$

式中：P 为收端某一波道接收到与发端极化相同信号的功率。P_x 为该波道极化失配时接收到的信号功率。XPD 值越大，表示一种极化状态经传输变成正交极化状态的能量越少。

　　(3) 使系统原有的衰落储备值下降。

　　当不考虑频率选择性衰落时，系统的抗衰落能力是以平坦衰落储备表征的。平坦衰落储备是指与自由空间传播条件相比，当热噪声增加时，为了在不超过门限误码的情况下系统仍能正常工作，所必须留有的电平余量。

　　当考虑频率选择性衰落时，带宽越宽，频率选择性衰落的影响越严重，使系统实际具有的衰落储备比平坦衰落储备值低。这是因为当带内失真较严重时，有时衰落并不深，而且热噪声的影响也并不显著，却也有可能使误码率很快增加，当超过门限误码率时，通信中断。

　　数字微波通信系统经常用到有效衰落储备的概念，它表示与自由空间传播条件相比，当考虑频率选择性衰落时，为了在不超过门限误码率时系统仍能工作，所必须留有的电平余量。有效衰落储备是兼顾平坦衰落储备、多径衰落储备和考虑热噪声、干扰所需储备的综合衰落储备。由于频率选择性衰落对微波通信系统传输质量带来了不利的影响，为了改善微波通信系统的性能，提高通信的质量，解决的办法是采用抗衰落技术，以改善系统的抗频率选择性衰落的能力。

2.2.4　抗衰落技术

　　微波传播中的衰落现象给微波传输带来了不利的影响，所以人们在研究电波传播统计规律的基础上提出了各种对付微波衰落的技术措施，即抗衰落技术。

　　对于平坦衰落，往往采用收信机中频放大器的自动增益控制(AGC)电路和采用备用波道倒换的办法。而对于频率选择性衰落就要用分集技术和自适应均衡技术。

　　分集技术包括分集发送技术和分集接收技术。从分集的类型看，使用较多的是空间分集和频率分集，这里以分集接收来了解这些技术。

1. 空间分集接收

　　分集接收就是采用两种或两种以上的不同的方法接收同一信号，以减少衰减带来的影响，是一种有效的抗衰落的措施。其基本思想是将接收到的信号分成多路的独立不相关信号，然后将这些不同能量的信号按不同的规则合并起来。

　　空间分集接收是指在空间不同的垂直高度上设置几副天线，同时接收一个发射天线的

微波信号，然后合成或选择其中一个强信号，这种方式称为空间分集接收。有几副天线就称为几重分集。若架设的铁塔上有两副天线作接收，就叫做二重空间分集接收，如图 2-19 所示。

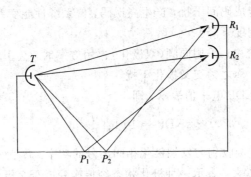

图 2-19　二重空间分集接收示意图

当存在地面反射时，由平滑地面反射知，发生地面发射而引起衰落时，衰落大小与行程差、余隙有关，所以接收场强或电平随接收点高度的变化而变化，呈瓣状图形，如图 2-20 所示。气象条件变化时，引起余隙变化，瓣状结构会上下移动。如果用一个固定高度的天线接收，这种变化无疑会引起信号的衰落。如果采用两个固定天线，使其高度差等于场强分布相邻最大和最小值的间距，这样两天线可以互相补偿，使衰落大大地降低。为了使两天线的信号变化相反，上、下天线所接收的合成电场强度相位差应为

$$(\Delta r_\text{上} - \Delta r_\text{下}) = \frac{\lambda}{2}$$

即

$$\Delta \phi = \frac{2\pi}{\lambda} = (\Delta r_\text{上} - \Delta r_\text{下}) = \pi$$

$$(\Delta r_\text{上} - \Delta r_\text{下}) = \frac{\lambda}{2} \qquad (2-37)$$

满足此条件，就能使一个天线接收信号减弱时，另一个天线接收信号增强，始终保持有一个天线能接收到强信号。上式中 $\Delta r_\text{上}$ 和 $\Delta r_\text{下}$ 别为到达上、下两天线的直射波和反射波的行程差。

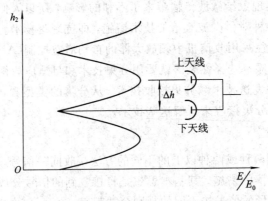

图 2-20　干涉长的空间分布和分集天线的位置

分集技术由分集改善度表示,是指采用分集技术与不采用分集技术之比。在 ITU - R 376 - 4 建议中,给出了当忽略地面反射时分集改善度的经验公式为

$$I = 100\, \frac{(S/9)^2 (f/4)}{D/40} U (10^{-4}/V^2) \qquad (2-38)$$

式中:D 为站距,以 km 为单位;f 为频率,以 GHz 为单位;V 为衰落因子,$V_{dB} = 20\lg V$ 为衰落深度;S 为天线间的距离,以 m 为单位;U 为副天线相对于主天线的增益。

在实际应用中,不采用这种公式计算,而通过查表得到。ITU-R 给出了一个基础表格来确定分集改善度。

图 2 - 21 是根据式(2 - 38)绘制的分集改善度列线图。图 2 - 21 对于分集天线高度差较小,改善度 $I < 10$ 的系统不适用,若参数不符合式(2 - 38)所定义的范围及条件,由列线图求出的 I 值将有误差。

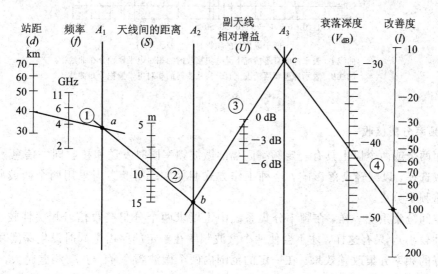

图 2 - 21　分集改善度列线图

【例 2 - 2】　有一多径传播路由,若地面反射可忽略不计时,站距 $D = 40$ km,频率 $f = 4$ GHz,天线高度差 $S = 9$ m,副天线相对于主天线的增益 $U = 1$,当衰落深度 $V_{dB} = -40$ dB 时,求分集改善度 I。

解　(1) 在图中的 D 尺上找到 $D = 40$ km 之点及 f 尺上 $f = 4$ GHz 之点,通过两点的直线与 A_1 辅助尺交于 a 点;

(2) 通过 a 点与 S 尺 $S = 9$ m 之点作直线与 A_2 辅助尺交于 b 点;

(3) 通过 b 点与 U 尺 $U = 1$ 之点作直线与 A_3 辅助尺交于 c 点;

(4) 通过 c 点与 $V_{dB} = -40$ dB 之点作直线与 I 辅助尺相交,读得 $I = 100$。

分集改善度是指在某一相对的收信电平时,单一接收与分集接收的衰落累积时间百分比之比。其比值越大,说明分集改善效果越好。在图 2 - 22 中,当收信电平低于自由空间收信电平 20 dB 时,单一接收与分集接收一起接收同一收信电平,其衰落的累积时间百分比分别为 1‰ 和 0.01‰,两者的比值为 100,即分集改善度为 100。

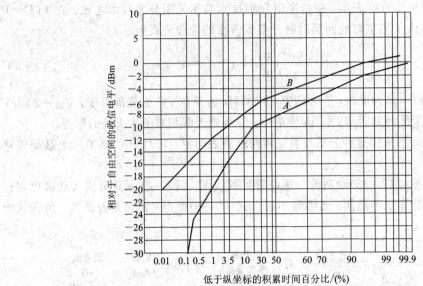

曲线*A*：表示深度衰落情况下无分集接收时的相对电平累积分布曲线；
曲线*B*：表示深度衰落情况下有分集接收时的相对电平累积分布曲线

图 2-22　累积分布曲线

2. 频率分集接收

采用两个或两个以上具有一定频率间隔的微波频率同时发送和接收同一信息，然后进行合成或选择，以减轻衰落影响，这种工作方式叫做频率分集。当采用两个微波频率时，称为二重频率分集。

与空间分集系统一样，在频率分集系统中也要求两个分集接收信号相关性较小（即频率相关性较小），只有这样，才不会使两个微波频率在给定的路由上同时发生深度衰落，并取得较好的频率分集改善效果。在一定的范围内两个微波频率 f_1 与 f_2 相差越大，即频率间隔 $f = f_2 - f_1$ 越大，两个不同频率信号之间衰落的相关性越小。频率分集分为同频段分集和跨频段分集。

同频段分集是指所发送和接收的两个微波信号频率 f_1 和 f_2 位于同一微波频段之中，其分集系统的示意图如图 2-23 所示。

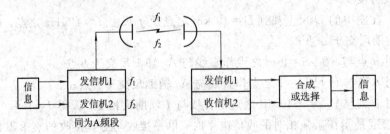

图 2-23　同频段分集系统示意图

在正常情况下，同频段分集采用的频率间隔为工作频率的 2%（例如在 4 GHz 频段的频率间隔为 80 MHz，在 6 GHz 频段的频率间隔为 120 MHz）就能取得分集改善效果，此时两个微波信号频率之间的相关系数大约为 0.8。为了得到非相关衰落，则要求频率间隔为工作频率的 5％以上，但是由于频段划分及频率分配（使用）的限制，这一要求通常不能满足。此外，在多波道的微波中继通信线路中，频率的拥挤也限制了这种频率分集方式的进一步应用。

跨频段分集是指发送和接收的两个微波信号频率 f_1 和 f_2 分别位于不同的微波频段之中，其分集系统的示意图如图 2-24 所示。

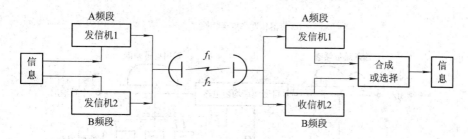

图 2-24　跨频段分集系统示意图

为了克服多径传播衰落和降雨造成的衰落，同时又为了在非常拥挤的 6 GHz 频段中节约频带，通常跨频段分集使用 11 GHz 波道作为正常工作波道，6 GHz 作为分集波道。

3. 自适应均衡技术

均衡就是接收端的均衡器产生与信道特性相反的特性，用来抵消信道的时变多径传播特性引起的干扰，即通过均衡器消除时间和信道的选择性。均衡技术用于解决符号间干扰的问题，适用于信号不可分离多径的条件下，且时延扩展远大于符号的宽度。均衡技术可分为频域均衡和时域均衡两种。频域均衡指的是总的传输函数满足无失真传输的条件，即校正幅度特性和群时延特性。时域均衡是使总冲击响应满足无码间干扰的条件，数字通信多采用时域均衡，而模拟通信则多采用频域均衡。

在模拟微波通信系统中，为了改善信道的群时延和微分增益特性，使用了均衡器，但是该均衡器仅做静态特性的补偿。而数字微波通信系统，因传输带宽较宽，当发生多径传播衰落时，其通带内的幅频特性是随时间而变化的，这就必须使用能适应时间变化的自适应均衡器。

这里以工作在中频频率的频域自适应均衡器为例，说明均衡器的工作原理。

这种均衡器是一个谐振频率 f_r 和回路 Q 值可变的中频谐振电路。用该中频谐振电路产生的与多径衰落造成的幅频特性相反的特性，去抵消带内振幅偏差。

图 2-25(a)左边部分示出了因多径传播造成的频率选择性衰落时，凹陷点的频率及其陡度（特性）会随时变化。

图 2-25(b)所示的是这种频域均衡器的原理电路。均衡器电路用分布参数和变容二极管构成并联谐振电路，当改变变容二极管的结电容时，可改变电路的中心谐振频率。

为了改变凹陷点附近的陡度，用 PIN 二极管与谐振电路串联。当改变 PIN 二极管电阻值时，谐振电路的 Q 值发生变化，陡度随之变化。

首先由扫描信号对均衡前的频谱在带内进行扫描，由 $f_凹$ 检出器将幅频特性凹陷点的频率测出，并送到控制电路，再在均衡后的中频频谱中将带内的 3 个频率点（f_-，f_0，f_+）信号由振幅偏差检出器测出，也送至控制电路。

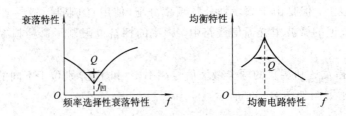

(a) 衰落特性与均衡特性

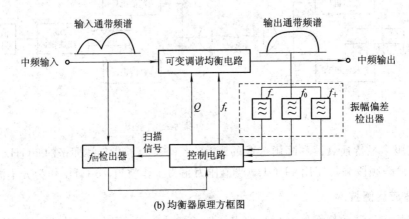

(b) 均衡器原理方框图

图 2-25 衰落特性、均衡特性及均衡器原理图

控制电路(由微处理器工作)根据 3 个频率点检出电压的振幅同 $f_凹$ 测出结果比较,去控制均衡电路的谐振频率 f_r 和回路陡度(Q 值),经过这种反复的检测与跟踪控制,可把带内失真减至最小。

当电波衰落的结果使干涉波与直射波的时延差非常大时,可能造成输入频谱中有两个凹陷点,这时再用这种只有一个谐振电路的均衡器就无法补偿其幅频特性了。对于这种情况,应采用下面介绍的时域自适应均衡器。

相较而言,时域自适应均衡器的方案很多,下面列举的是一种应用较广,加在基带电路中的横向滤波器式均衡器。

横向滤波器式均衡器的结构示于图 2-26。

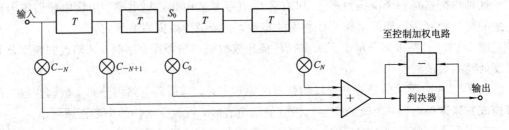

图 2-26 横向滤波器式均衡器结构

这种均衡器的横向滤波器是由 $2N$ 级延迟线 T 和可调的加权电路组成,每级延迟 1 bit,在中间(中心抽头)脉冲 S_0 的前后各有 N 个脉冲,一共就有 $2N+1$ 个脉冲。

下面用图 2-27 对均衡原理简单说明如下。

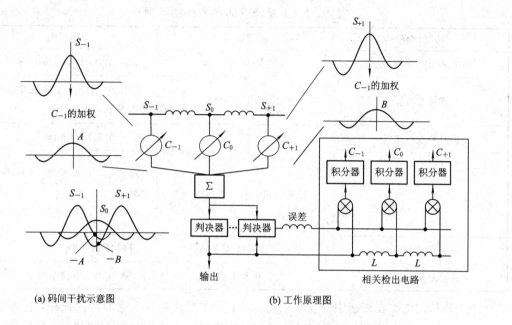

(a) 码间干扰示意图　　　　　　　　　(b) 工作原理图

图 2 - 27　横向滤波器式均衡器原理框图

由相关检出电路从前后脉冲检出对某判决点(例如 S_0 点)要求的误差，用误差信号去控制加权电路，对产生码间干扰的脉冲成分进行加权，以便消除码间干扰。往往取 $C_0 = 1$ (标准化值)，其他加权系数在 -1 到 $+1$ 的范围内变化。

图 2 - 27(a)是码间干扰的示意图。设输入脉冲 S_{-1}、S_0、S_{+1} 三种脉冲均为"1"码。因衰落等方面的原因，S_0 会受到 S_{-1} 产生的码间干扰 $-A$ 影响；也会受到 S_{+1} 产生的码间干扰 $-B$ 影响。因此将导致 S_0 脉冲不能被正确判决。

当用图 2.27(b)所示的均衡电路对 S_{-1} 脉冲给予 $+A$ 的加权，对 S_{+1} 脉冲给予 $+B$ 加权后，就可抵消码间干扰 $-A$ 和 $-B$，以此就可去掉码间干扰，并得到较理想的波形。

横向滤波器能够均衡空间分集和频域自适应均衡器没有完全均衡的剩余波形失真。在实际使用中，往往将横向滤波器式均衡器与频域自适应均衡器配合使用，在理论上讲，可以均衡基带领域中的任何波形失真。

2.3　卫星通信的电波传播特性

2.3.1　卫星通信中存在的电波传播问题

卫星通信是在空间技术和地面微波中继通信技术的基础上发展起来的，靠大气层外的卫星的中继实现远程通信。其载荷信息的无线电波要穿越大气层，经过很长的距离在地面站和卫星之间传播，因此它受到多种因素的影响。传播问题会影响到信号质量和系统性能，这也是造成系统运转中断的原因之一，因此电波传播特性是卫星通信以及其他无线通信系统进行系统设计和线路设计时必须考虑的基本特性。

卫星通信的电波要经过对流层(含云层和雨层)、平流层、电离层和外层空间，跨越距离大，因此影响电波的传播因素很多。表 2 - 2 列出了有关卫星通信的电波传播问题。

表 2 - 2 卫星通信的电波传播问题

传播问题	物理原因	主要影响
衰减和天空噪声增加	大气气体、云、雨	大约 10 GHz 以上的频率
信号去极化	雨、冰结晶体	C 和 Ku 频段的双极化系统(取决于系统结构)
折射和大气多径	大气气体	低仰角跟踪和通信
信号闪烁	对流层和电离层折射扰动	对流层:低仰角和 10 GHz 以上频率 电离层:10 GHz 以下的频率
反射多径和阻塞	地球表面及表面上物体	卫星移动业务
传播延迟、变化	对流层和电离层	精确定时、定位系统

卫星通信的电波在传播中要受到损耗,其中最主要的是自由空间传播损耗,它占总损耗的大部分。其他损耗还有大气、雨、云、雪、雾等造成的吸收和散射损耗等。卫星移动通信系统还会因为受到某种阴影遮蔽(例如树木、建筑物的遮挡等)而增加额外的损耗,固定业务卫星通信系统则可通过适当选址避免这一额外的损耗。

卫星移动通信系统中,由于移动用户的特点,使接收电波不可避免地受到山、植被、建筑物的遮挡反射、折射,从而引起多径衰落,这是不同于固定业务卫星通信的地方。海面上的船舶、海面上空的飞机还会受到海面反射等引起的多径衰落影响。固定站通信的时候,虽然存在多径传播,但是信号不会快衰落,只有由温度等引起的信号包络相对时间的缓慢变化,当然条件是不能有其他移动物体发射电磁波情况发生。

2.3.2 卫星通信中通信电波的传播噪声

接收机输入端的噪声功率分别由内部(接收机)和外部(天线引入)噪声源引入,外部噪声源可以分为两类:地面噪声和太空噪声。地面噪声对天线噪声影响最大,来源于大气、降雨、地面、工业活动(人为噪声)等;太空噪声来源于宇宙、太阳系等。

1) 太阳系噪声

它指的是太阳系中太阳、各行星以及月亮辐射的电磁干扰被天线接收而形成的噪声,其中太阳是最大的热辐射源。只要天线不对准太阳,在静寂期太阳噪声对天线噪声影响不大;其他行星和月亮,没有高增益天线直接指向时,对天线噪声影响也不大。实际上,当太阳和卫星汇合在一起,即太阳接近地球站指向卫星的延伸时,地球站就会受到干扰,甚至造成电波传播中断。

2) 宇宙噪声

宇宙噪声是指外空间星体的热气体及分布在星际空间的物质所形成的噪声,在银河系中心的指向上达到最大值(通常称为指向热空),在天空其他某些部分的指向上是很低的(称为冷空)。宇宙噪声是频率的函数,在 1 GHz 以下时,它是天线噪声的主要成分。

3）大气噪声与降雨噪声

电离层、对流层不但吸收电波的能量，还会产生电磁辐射从而形成噪声，其中主要是氧气和水蒸气构成的大气噪声，大气噪声是频率和仰角的函数。大气噪声在 10 GHz 以上显著增加，仰角越低时，由于电波穿越大气层的路径长度增加，大气噪声作用加大。

降雨以及云、雾在造成电波吸收衰减的同时，也产生噪声，称为降雨噪声。降雨对天线噪声温度的影响与雨量、频率、天线仰角有关。即使在 4 GHz 的频率下，仰角低的时候，大雨对天线噪声温度的"贡献"也达到 $50 \sim 100$K，因此在设计系统的时候要充分考虑这些因素。

4）内部噪声

内部噪声来源于接收机，由于接收机中含有大量的电子元件，而这些电子元件由于温度的影响，其中自由电子会做无规则的运动，这些运动实际上影响了电路的工作，这就是热噪声，因为在理论上，如果温度降低到绝对温度，那么这种内部噪声将为零，但实际上达不到绝对温度，所以内部噪声不可根除，只可抑制。

2.3.3　卫星通信中的多普勒效应

当以一定速率运动的物体，例如飞机，发出了一个载波频率 f_1，地面上的固定接收点收到的载波频率就不会是 f_1，会产生一个频移 f_d。其频移大小表示为

$$f_d = \frac{v}{\lambda}\cos\theta \qquad\qquad (2-39)$$

式中，λ 为接收信号载频的波长。

在卫星移动通信中，当飞机移向卫星时，频率变高，远离卫星时，频率变低，而且由于飞机的速度十分快，所以我们在卫星移动通信中要充分考虑"多普勒效应"。另外一方面，由于非静止卫星本身也具有很高的速度，所以目前主要用静止卫星与飞机进行通信，为了避免这种影响造成通信中的问题，不得不在技术上加以各种考虑。这也加大了卫星移动通信的复杂性。

2.4　移动卫星信道

在卫星通信中，固定卫星业务(FSS)和广播卫星业务（BSS）一般采用点对点或者一点对多点的传播模式；上行链路和下行链路均为视距内的电波传播；地面采用非移动的终端收发信装置。

随着移动卫星的不断发展和广泛应用，相对于固定卫星业务，移动卫星业务（MSS)的信道更为复杂。信道电波不再仅仅是视距内传播，传播路径上存在各种各样的障碍物，包括树木、建筑物和地形地物等。这些障碍物形成对电波的反射、绕射和散射等，形成在接收设备天线上的多径效应；同时，发射或接收终端处在移动状态，功率也随之发生变化，导致信号发生衰落。

基于上述因素。移动卫星信道当中包含了由于电波的非视距传播所形成的各种效应，信号将会发生如下变化：

（1）时延；

（2）相位和幅度的变化；

（3）与干扰信号的穿插作用。

因此，移动卫星的信道具有独特性。其对系统链路的功率分析、设计以及移动卫星通信系统的工程实践至关重要。

2.4.1 移动信道传播

一般而言，移动通信信道与其应用环境密切相关，涉及的环境因素包括自然形成的地形地物、地面建筑物以及其他存在于移动终端周边的障碍物等。固定卫星业务（FSS）和广播卫星业务（BSS）的地面接收设备具有非移动性，因此可以采用高增益的定向天线，有效地降低地形、地物对信道的影响，从而提高通信系统的质量；与此相反，移动卫星业务的移动终端一般采用低增益的全向性天线，移动终端周边的环境容易引起移动信道环境的恶化，从而影响通信的效率和质量。为此，移动信道可以分类为三种传播状态，即多径、阴影和阻挡。

这三种状态可单独或相互组合，存在于特定的移动卫星信道当中，并会随着移动终端的移动而随时间变化，导致信道在电波的视距和非视距传播间快速而频繁地转换。

多径传播是移动通信链路中最为常见的信道，但是，其信道特性却难以构建量化信道模型。大多数信道模型和信道预测都是采用经验公式或者统计数据，数据多来源于实际测量和长时间的观察和统计。

形成信道多径的主要原因包括：建筑物墙体和金属标牌的反射；建筑屋顶、山峰、尖塔等尖锐边角的绕射；街道、树木和水的散射等。此外，大气成分，云、雨的吸收，大气分层和天气条件也将影响信号的电平。此外，移动终端天线的性能，包括增益方向图、旁瓣、后瓣也将影响整个信号的特点。

反射、绕射和散射所形成的多径传播被天线接收，导致多径衰落。衰落可分为窄带和宽带两种类型。对于移动终端，散射体的特性和位置将决定是窄带衰落还是宽带衰落。

图 2-28(a)所示为窄带衰落时的信道示意图。在移动终端的附近，由散射引起的多路径的路径差很小，一般在几个波长以内，因此，不同路径信号的相位差别很大。同时，由于沿不同路径的电波几乎同时到达接收端，因此，带宽内所有频点的信号以同样的方式发生衰落。

(a) 窄带衰落　　　　　　　　　　　　　　(b) 宽带衰落

图 2-28　移动卫星的窄带衰落和宽带衰落

　　除了视距路径之外，卫星发射机和移动接收机之间会存在由散射形成的多径现象，形成宽带衰落，如图 2-28(b) 所示。散射越强，不同路径的时延差越大，当相对时延大于发射信号的码元或者比特周期时，在信息带宽内，信号会发生巨大的变形，导致所谓的选择性衰落。该信道则为宽带衰落信道，在构建宽带衰落信道模型时，需将这些因素均考虑在内。

　　移动卫星系统中，卫星到移动终端最小的升角一般在 10 度至 20 度之间；而地面移动系统中，升角一般在 1 度或者小于 1 度的范围内。虽然地面移动通信和卫星移动通信的衰落信道在一些统计数据和结论上具有较大的差别，但都会呈现窄带和宽带特性。

2.4.2　窄带信道

　　如上所述，窄带衰落信道是由移动终端周围的散射体引起相对较小的路径差所形成的，各路径的相位相差较大，而电波到达终端的时间近乎相同，带宽内所有频点以同样的方式发生变化和衰落。

　　设移动终端 y 的接收信号是 N 个散射波路径信号的叠加，其第 i 路信号的相位为 θ_i，幅度为 a_i，时延为 τ_i，则

$$y = a_1 e^{j(\omega \tau_1 + \theta_1)} + a_2 e^{j(\omega \tau_2 + \theta_2)} + \cdots + a_N e^{j(\omega \tau_N + \theta_N)} \qquad (2-40)$$

上式中，每一项表示发射信号的一个"回波"。对于窄带衰落，由于信号到达的时间近乎相等，则

$$\tau_1 \approx \tau_2 \approx \cdots = \tau \qquad (2-41)$$

因此，接收信号的幅度与载波频率无关，故式(2-40)可近似表达为

$$y \approx e^{j\omega\tau}(a_1 e^{j\omega\theta_1} + a_2 e^{j\omega\theta_2} + \cdots + a_N e^{j\omega\theta_N}) \approx e^{j\omega\tau} \sum_{i=1}^{N} a_i e^{j\omega\theta_i} \qquad (2-42)$$

可见，接收到的信号的所有频点以同样的方式改变，信道可以被表示为单一乘法分量。

　　依据变化的快慢，窄带衰落呈现两个层级。图 2-29 所示为在移动终端移动距离相对较小时(如 15 m 的范围内)，移动终端接收的信号电平值。

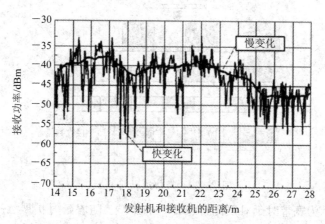

图 2-29　窄带衰落移动信道移动接收机的接收信号功率

　　可见，在几米的移动距离内，信号电平有 1 到 2 dB 的慢变化，而在 1 m 的距离内，信号电平有数个 dB 的快速变化。

这一电平的慢变化被称为阴影衰落，或慢衰落、大范围衰落；相较而言，电平的快变化则被称为多径衰落，或快衰落、小范围衰落。

2.4.3 宽带信道

当信号到达移动终端的波束存在两个或两个以上的时候，则发生宽带衰落。如上一节所述，每一个波束存在阴影衰落和多径衰落。当波束的相对时延大于信号码元或者比特周期时，带宽内的信号将发生变形（选择性衰落）。于是，该信道被认为是宽带衰落信道。值得注意的是，在定义宽带信道时，不仅考虑信道的特点，而且考虑发射信号特性。

设移动终端 y 的接收信号是 N 个散射波路径信号的叠加，其第 i 路信号的相位为 θ_i，幅度为 a_i，时延为 τ_i，则

$$y = a_1 e^{j(\omega\tau_1 + \theta_1)} + a_2 e^{j(\omega\tau_2 + \theta_2)} + \cdots + a_N e^{j(\omega\tau_N + \theta_N)} \qquad (2-43)$$

上式中，每一项表示发射信号的一个"回波"。

在窄带信道中，到达信号的时间延迟近似相等，信号的幅度不因载波频率的变化而改变；相反，如果相对时延较大，产生延时扩展，则信道响应随频率变化，信号频谱发生变形，这就是宽带信号的特点。由于信道路径长，随着时延的增加，电波的功率减小。增加可能的散射区域，使得区域具有更大的延时通路，该通路增加了在同一时延的可能的通路数，从而起到抗衡作用。

图 2-30 所示为宽带信道的码间干扰。发射机的发射数据为拥有固定宽度的码元信号，并受到信道时延扩展的影响。每个路径相互影响产生接收数据流，其时延超过一个码元周期，由于码元信号周期的展宽必然导致码间干扰（ISI）。

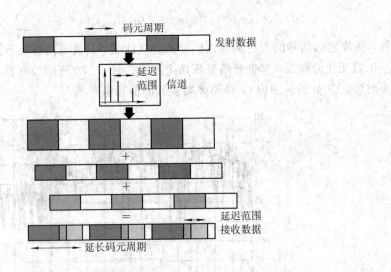

图 2-30 带信道码间干扰

图 2-31 所示为宽带时延对误比特（BER）的影响。随着延时扩展 $\Delta\tau$ 增加，BER 降低并产生一个误码平台，其与增加的信噪比无关。这一无法减小的误码无法通过增加发射功率而减小。这与窄带衰落的情况形成鲜明的对比，在窄带衰落中，BER 随着信噪比的增加而持续地提高。

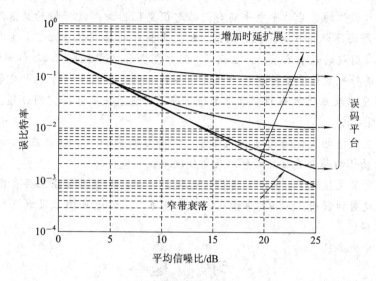

图 2 - 31　宽带时延对 BER 的影响

在移动卫星信道中，时延扩展比地面移动信道的时延扩展要小的多，这是由于发射机与接收机的距离很远。对于地球静止轨道和非地球静止轨道的移动卫星系统也是如此。因此，卫星移动通信是窄带的。尤其是目前大多数在运行的卫星移动系统为窄带的语音和数据业务。随着宽带业务的快速增长，宽带卫星移动通信的效应应该加以考虑。例如，L 波段卫星移动信道的锥形延时模型。

现有技术方法可以有效地降低宽带信道衰落，其中包括采用可将能量集中发射的定向性天线，利用多径信号能量，降低深衰落的分集接收，采用将宽带信道转化为窄带信道的均衡技术，降低数据率以及采用 OFDM 技术等。

本 章 小 结

本章根据无线信道（电波空间）中微波传播的特点，分别对微波在自由空间传播的损耗，地面反射、大气折射效应以及衰落、抗衰落技术进行了讨论，并阐释了卫星通信中的电波传播以及移动卫星系统的信道特点。

（1）根据无线电波的传播特性，微波在自由空间的传播、能量的扩散可等效为微波在自由空间的传播损耗，该损耗取决于微波的频率和电波的传播距离，影响接收的信号功率电平。

（2）在地球表面，接收端的微波信号是从多个费涅尔区传播而来，其中第一费涅耳区对微波传播的影响最为重要。

（3）平滑地面的反射直接影响终端接收的功率电平，一般以衰落因子加以描述。衰落因子的大小取决于电波的行程差。工程上，多以余隙计算平滑地面的衰落因子。

（4）由于大气的气压、温度、湿度随高度的增加而变化，会引起折射率的改变，导致电波的传播迹线发生弯曲。方便起见，引入等效地球半径 k，以平滑地面为参考，等效后的传播迹线变为直线，相应地，地球半径由 R_0 等效为 R_e，余隙 h_c 等效为 h_{ce}。等效地球半径 k 不同，则余隙 h_{ce} 的取值不同。

（5）接收端收信的信号功率电平随时间的起伏变化称为微波传播的衰落现象。视距传播衰落的主要原因是大气与地面间的效应。就发生衰落的物理机理而言，主要包括：大气吸收衰落、雨雾引起的散射衰落、K 型衰落、波导型衰落、闪烁衰落以及频率选择性衰落。

（6）频率选择性衰落是多径传播产生的干涉性衰落，在微波信号中产生带内失真，使交叉极化鉴别度以及系统原有的衰落储备值下降。抗衰落技术包括空间分集、频率分集以及自适应均衡技术。

（7）在卫星通信电波传播的诸多问题中，以传播噪声和多普勒效应最为关键。其中，多普勒频移由物体的移动速度、频率以及角度决定。

（8）在移动卫星信道中，电波不再仅仅是视距传播，其传播路径上存在由各种障碍物形成的反射、绕射和散射。根据具体情况，一个移动卫星信道可由窄带衰落信道或者宽带衰落信道加以描述。

习　　题

2-1　构成惠更斯-费涅耳原理的基本思想是什么？

2-2　简述费涅耳区的概念。

2-3　已知两微波站相距 45 km，数字微波的通信频率为 $f = 3.8$ GHz，发信功率为 $P_t = 5$ W，收发天线的增益为 $G_t = G_r = 39$ dB，收、发两端的馈线系统损耗 $L_{ft} = L_{fr} = 2$ dB 和分路系统损耗 $L_{bt} = L_{br} = 1$ dB。求在自由空间传播条件下的收信机输入点收信电平？

2-4　地面反射对电波传播的影响，归结为求取 V_{dB} 值，且有 $P_r = P_{r0} + V_{dB}$，从概念上解释地面影响的这种分析问题的思路。

2-5　为什么在决定天线高度时，往往使余隙 h_c 的数值近似等于 $0.557F_1 \sim F_1$？

2-6　地面反射对电波传播的影响归结为对接收电平 V_{dB} 的影响，影响 V_{dB} 的主要因素是什么？在线路设计时应注意哪些问题？

2-7　数字微波通信系统中有哪些抗衰落技术？它们在哪些方面带来了抗衰落效果？

2-8　设微波通信频率为 8 GHz，站距为 50 km，若路径为真实的光滑球形地面，求：

（1）不考虑折射，使余隙 $h_c = h_0$ 时，天线高度应为多少米（设收发天线等高）？

（2）考虑折射并且 $K = 4/3$，使余隙 $h_{ce} = h_0$ 时，天线高度应为多少米？

2-9　在同频段频率分集系统中，工作频率为 4 GHz，分集频率间隔为 145 MHz，当接收信号的深度衰落为 30 dB 时，频率分集改善度是多少？

2-10　解释频率选择性衰落的特点及其造成的影响。

2-11　卫星通信电波传播的主要问题是什么？形成这些问题的物理机理是什么？主要的影响范围在哪里？

2-12　移动卫星信道和固定卫星信道相比，主要的特征是什么？信号将如何变化？窄带信道和宽带信道形成的条件是什么？各自具备什么样的特点？

第 3 章　微波与卫星通信的通信体制

通信体制，是指系统的工作方式，即所采用的信号传输方式、信号处理方式等，具体包括传输方式、复用方式、调制方式、编码方式、多址方式以及信道分配与交换制度等。

3.1　信号传输方式与复用方式

3.1.1　信号传输方式

信号传输方式一般分为基带传输和频带传输两种。基带传输是指无需进行基带频谱搬移就能以基带信号形式传输的方式，即按数据波的原样，不包含任何调制，在数字通信的信道上直接传送数据。基带传输不适于传输语音、图像等信息。若将基带信号的频谱搬移到某个载波频带内进行传输，此方式就是频带传输，所传输的信号称为频带信号。在微波和卫星通信系统中都采用频带传输方式，但两者也有一定的区别。

微波信道既可以传输模拟信号，也可以传输数字信号。因为数字信号的抗干扰性能强，传输质量优，因此，目前在长途微波通信干线中以传输数字信号为主，构成数字微波通信系统。又因为微波的发射频率很高，所以在数字微波传输系统中，常用脉冲形式的基带序列对中频频率 70 MHz 或 140 MHz 进行调制后，再变换到微波频率后传输。

在低速数字微波通信系统设备中，一个波道的发信机（或收信机）只使用一个载频（即射频）。在 SDH 数字微波通信系统中，采用多进制编码的 64QAM、128QAM、256QAM 和 512QAM 调制方式，同时还采用多载频的传输方式。例如采用 4 个载频，使每个载频都用 256QAM 调制方式去传输 100 Mb/s 信息，这样一个波道的 4 个载频同时传送，就可以传输 4 倍这样的信息。而其占用的频谱却与只用一个载频传输时所占用的频谱相当。这样使数字微波朝着既扩大容量，又不占用较大的信道带宽的方向发展。

卫星通信系统有单路制和群路制两种方式。所谓单路制，就是一个用户的一路信号去调制一个载波，即单路单载波（SCPC）方式；所谓群路制，就是多个要传输的信号按照某种多路复用方式组合在一起，构成基带信号，再去调制载波（即 MCPC 方式）。

3.1.2　多路复用方式

把在同一信道中能够同时传输多路信息且互不干扰的方式称为多路复用。目前，广泛采用的多路复用方式有两种，一是频分多路复用（FDM），二是时分多路复用（TDM）。FDM 是从频域的角度进行分析的，使各路信号在频率上彼此分开，而在时域上彼此混叠在一起；TDM 是从时域的角度进行分析的，使各路信号在时间上彼此分开，而在频域上彼此混叠在一起。

1）频分多路复用（FDM）方式

模拟信号一般采用频分多路复用（FDM）方式，复用路数的多少主要取决于允许带宽和费用。它将各路用户信号采用单边带（SSB）调制，将其频谱分别搬移到互不重叠的频率上，形成多路复用信号，然后在一个信道中同时传输。接收端用滤波器将各路信号分离。由于是用频率区分的，故称频分多路复用。

在频分复用中，信道的可用频带被分割成若干彼此互不重叠的频段，每路信号占据其中一个频段。为了使各路信号的频谱互不重叠，因此，在各路信号的发送端都使用了适当的滤波器。若不考虑信道中所引入的噪声和干扰影响的话，在接收端进行信息接收时，各路信号应严格地限制在本信道通带之内。这样当信号经过带通滤波器之后，就可提取出各自信道的已调波，然后通过解调器、低通滤波器之后，获得原信号。

频分复用系统中主要问题在于各路信号之间存在相互干扰。这是由于系统非线性器件的影响使各路信号之间产生组合波，当其落入本波道通带之内时，就构成干扰。特别值得注意的是在信道传输中非线性所造成的干扰是无法消除的。因而频分复用系统对系统线性的要求很高，同时还必须合理地选择各路载波频率，并在各路载波频带之间增加保护带来减小干扰。

2）时分多路复用（TDM）方式

对数字信号而言，通常采用时分多路复用方式。它将一条通信线路的工作时间周期性地分割成若干个互不重叠的时隙，分配给若干个用户，每个用户分别使用指定的时隙，这样，就可以将多路信号在时间轴上互不重叠地穿插排列，在同一条公共信道上进行传输。因此在接收端可以利用适当的选通门电路在各时隙中选出各路用户的信号，然后再恢复成原来的信号。对于时分复用系统来说，全网的时间同步很重要，否则就不能精准地传递信息。

3.2 调制方式

3.2.1 微波与卫星通信中的调制方式

在数字微波通信系统中，常用脉冲形式的基带序列对中频频率 70 MHz 或 140 MHz 进行调制后，再变换到微波频率后进行传输。

在低速数字微波通信系统中，一个波道的发信机（或收信机）只使用一个载频（即射频）。在 SDH 数字微波通信系统中，采用多进制编码的 64QAM、128QAM、256QAM 和 512QAM 调制方式。

在卫星通信系统中，既采用了模拟调制，也采用了数字调制。目前模拟卫星通信系统主要采用频率调制（FM）。因为 FM 技术成熟，且传输质量好，能得到较高的信噪比。在这种系统中，一般可采用预加重技术、门限扩展技术和语音压扩技术来增加系统的传输带宽，提高系统的传输容量。

数字调制中仍然采用正弦波作为载波信号。由于正弦信号有幅度、相位和频率三种基本参量，因此可以构成幅度键控（ASK）、移频键控（FSK）和移相键控（PSK）三种基本调制方式，如图 3-1 所示。

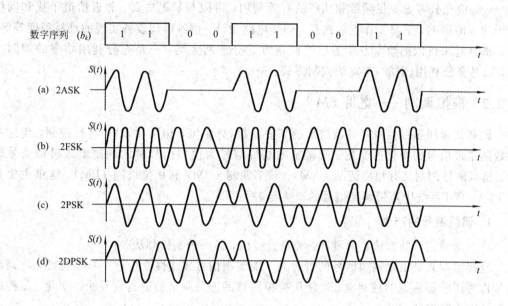

图 3-1 二进制基带信号的调制波形

三种调制方式所对应的功率谱如图 3-2 所示。

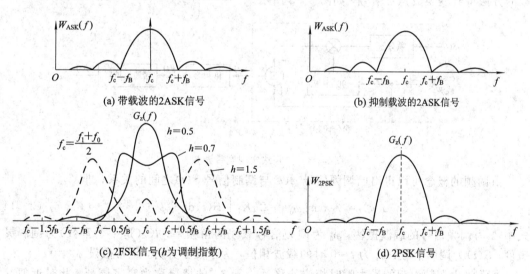

(a) 带载波的2ASK信号

(b) 抑制载波的2ASK信号

(c) 2FSK信号(h为调制指数)

(d) 2PSK信号

图 3-2 三种调制方式所对应的功率谱

数字卫星通信中选择调制方式,应综合考虑多方面的因素。

(1) 由于通信卫星位于外层空间,因此卫星信道的自由空间部分无起伏衰落现象,只引入白高斯噪声,可视为恒参信道,因此,可以考虑采用最佳的调制和检测方式,如 PSK 方式。

(2) 在发射设备中采用了高频功率放大器(HPA),而转发器中使用了行波管放大器(TW-TA)时,它们的输入、输出特性均为非线性特性,而且具有幅相转换(AM/PM)效应。即当输入信号变化时,其输出信号的相位也随之发生变化。因此 ASK 技术及含有 ASK 的混合调制一般不宜采用,而宜采用恒包络调制方式。

（3）应充分考虑卫星频带和功率的有效利用，带限与延迟失真、邻近信道干扰和同信道干扰等的影响，卫星工作点的选择，同步电路设计，调制解调设备实现的难易程度等等。

概括起来可以把数字卫星通信的调制方式分成两大类：一是充分利用功率的调制方式，二是充分利用（射频）带宽的调制方式。

3.2.2　模拟调制——宽带 FM

调制是指用基带信号对载波波形的某些参数（如幅度、相位和频率）进行控制，使这些参数随基带信号的变化而变化。所调制的基带信号为模拟信号时的调制就是模拟信号调制。模拟信号调制又有幅度调制（AM）、频率调制（FM）和相位调制（PM）。这里主要介绍 FDM/FM 系统中宽带调频信号的产生与解调原理。

1. 调频信号的产生

产生调频信号的方法有两种，一种是直接法，另一种是倍频法。

直接法调频是根据调频信号的瞬时频率随调制信号成线性变化这一基本特性，将调制信号作为压控振荡器的控制电压，使压控振荡器的振荡频率随调制信号线性变化，压控振荡器的中心频率即为载波频率。

用倍频法产生调频信号时，首先是利用窄带调频器来产生窄带调频信号，然后再用倍频的方法将其变换成宽带信号，如图 3-3 所示。

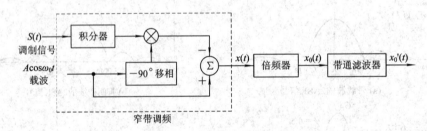

图 3-3　倍频法实现宽带调频

由调频的概念可以得出已调频信号 $x(t)$ 与调制信号 $S(t)$ 之间的关系，即

$$x(t) = A \cos\left[\omega_0 t + 2\pi K_{\mathrm{f}} \int_0^t S(t)\mathrm{d}t + \phi_0\right] \tag{3-1}$$

式中 A 为调频信号的载波振幅；ω_0 为调频信号载波的角频率；K_f（是一个常数）为调制灵敏度；$S(t)$ 为调制信号；ϕ_0 为 $t=0$ 时的载波相位，为了便于分析，经常假设 $\phi_0=0$。

通常将由调频引起的最大瞬时相位偏移远小于 30° 的情况称为窄带调频，此时近似有下列关系成立

$$\sin\left(2\pi K_{\mathrm{f}} \int_0^t S(t)\mathrm{d}t\right) \approx 2\pi K_{\mathrm{f}} \int_0^t S(t)\mathrm{d}t$$

$$\cos\left(2\pi K_{\mathrm{f}} \int_0^t S(t)\mathrm{d}t\right) \approx 1$$

因此式（3-1）可改写为（设 $\phi_0=0$）

$$x(t) = A \cos\omega_0 t \cos\left(2\pi K_{\mathrm{f}} \int_0^t S(t)\mathrm{d}t\right) - A \sin\omega_0 t \sin\left(2\pi K_{\mathrm{f}} \int_0^t S(t)\mathrm{d}t\right)$$

$$\approx A \cos\omega_0 t - A2\pi K_{\mathrm{f}} \int_0^t S(t)\mathrm{d}t \, \sin\omega_0 t \tag{3-2}$$

倍频器的输入、输出端之间的关系为

$$x_0(t) = ax^2(t) = \frac{1}{2}aA^2\left\{1 + \cos\left[2\omega_0 t + 4\pi K_f\int_0^t S(t)\,\mathrm{d}t\right]\right\} \qquad (3-3)$$

其中 α 为常数。可以看出，载频和相位均增加了一倍。

让倍频器的输出信号经过一个带通滤波器时，就可以将其中的直流成分滤除，获得一个新的调频信号，即

$$x_0'(t) = \frac{1}{2}aA^2\cos\left[2\omega_0 t + 4\pi K_f\int_0^t S(t)\,\mathrm{d}t\right]$$

2．调频信号的解调

调制过程是一个频谱搬移的过程，它是将低频信号的频谱搬移到载频位置。而解调是将位于载频的信号频谱再搬回来，并且不失真地恢复出原始基带信号。

调制信号的解调过程如图 3-4 所示。在信号传输过程中，会有噪声夹杂在有用信号中，当接收端收到 FM 信号时，也收到了噪声信号。这些噪声信号同样经过低噪声放大器（LNA）和下变频器变成中频频率，并同有用信号一起进入中频（IF）带通滤波器，带通滤波器的带宽选择合适，就能够滤出带外噪声。

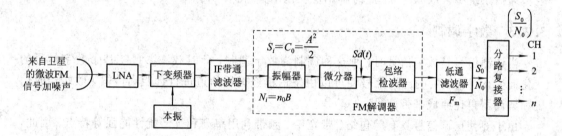

图 3-4　FM 信号的解调过程

限幅器起到保持中频载波包络恒定的作用，而微分器和包络检波器则起鉴相器的作用。微分器输出的是调幅调频信号，当该信号经过包络检波器时，直流分量将被滤除，从而获得与原始信号成正比的包络信息，再经过低通滤波器，将基带外的高频分量滤除，最后得到频分多路复用信号。

3．性能指标

1）FM 信号的带宽

只要系统所提供的传输带宽（B）足以容纳调频波频谱能量的 98% 以上时，就可忽略信号失真的影响，把此时的带宽称为射频传输带宽。此时可认为传输带宽为

$$B = 2(m_f + 1)F_m \qquad (3-4)$$

式中，$m_f = \dfrac{\Delta f_p}{F_m}$；$F_m$ 为调制信号的最高频率；Δf_p 为调制信号的峰值频偏。传输带宽亦可由下式表示

$$B = 2(\Delta f_p + F_m) \qquad (3-5)$$

由于 FDM 信号的波形与热噪声的波形很相似，而其峰值频率又与信号的峰值电压相对应。为此，定义一个新的物理量——峰值因数 F_p，它是峰值电压与有效电压的比值。可

见，信号的峰值电压与所选取的峰值因数 F_p 有关，其关系可用下式表示

$$\Delta f_p = F_p l \Delta f_r \tag{3-6}$$

式中，Δf_r 为测试音的有效频偏，它代表在多路信号的相对电平为 0 dB 处传输 1 mW 测试信号时，频率调制器输出端所产生的有效值；l 称为负载因数。在卫星通信中，F_p 的取值范围为 3.16~4.45，l 一般取 2.82，Δf_r 取 577 kHz。

2）调频解调器输出信噪比

信噪比是衡量系统传输质量的一种重要参数，其数值等于输出信号功率与噪声功率之比，常常用分贝数表示。一般来说，信噪比越大，说明混在信号里的噪声越少。由图 3-4 可知，输入信噪比 $\dfrac{S_i}{N_i} = \dfrac{A^2}{2n_0 B}$，低通滤波器输出端的信噪比为

$$\frac{S_0}{N_0} = 3m_f^2(m_f + 1)\frac{S_i}{N_i} \tag{3-7}$$

由此可得解调信噪比增益为

$$G_{FM} = \frac{S_i/N_i}{S_0/N_0} = 3m_f^2(m_f + 1) \tag{3-8}$$

卫星通信系统中常取 $m_f = 5$，此时解调信噪比增益可达 450。

3.2.3　数字调制

当调制信号是数字信号时，称这种调制为数字调制，此时载波参量随基带数字信号的变化而变化，调制后的已调信号便可以由发信机经无线信道进行远距离传输，收端经收信机和解调器再还原成基带信号。

由于要使已调信号具有等包络、带宽窄、频带利用率高和抗干扰性能强等特点，因此，在微波与卫星通信系统中所使用的调制方式是 PSK、FSK 和以此为基础的其他调制方式。如四相相移键控（QPSK）、偏置四相相移键控（OQPSK）和最小移频键控（MSK）。有些系统也会使用多电平幅度调制（MQAM）。此外，还有一些能提高信道利用率的其他调制方式。

下面先介绍微波与卫星通信中常用的几种调制方式。

1. PSK 方式

在中容量数字微波通信和卫星通信中，QPSK 是应用较广泛的一种调制方式。这里将介绍二进制移相键控（BPSK）、四相移相键控（QPSK）的调制原理及它们的几种改进形式。

1）二进制绝对调相（2PSK）和相对调相（2DPSK）方式

绝对调相是利用载波信号的不同相位去传输数字信号的"1"和"0"码的，二进制绝对调相的变换规则是：数据"1"对应于已调信号的 0°相位，数据"0"对应于已调信号的 180°相位，如图 3-5(b)所示；或反之。由于表示信号的两种码元的波形相同，极性相反，故 2PSK 信号一般可以表述为一个双极性全占空矩形脉冲序列与一个正弦载波的相乘。

相对调相是利用载波信号相位的相对关系表示数字信号的"1"和"0"码的，其变换规则是：数据"1"使已调信号的相位变化 180°相位，数据"0"使已调信号的相位变化 0°相位，如图 3-5(c)所示；或反之。图中的 0°和 180°的变化是相对于已调信号的前一码元的相位，或者说，这里的变化是以已调信号的前一码元相位作参考相位的。

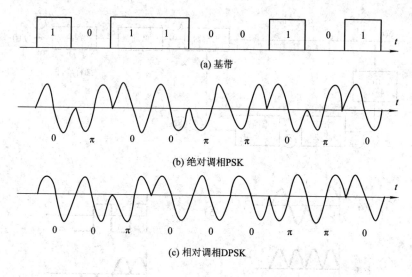

(a) 基带

(b) 绝对调相PSK

(c) 相对调相DPSK

图 3-5　2PSK 与 2DPSK 的调相波形

2) 2 PSK 信号、2 DPSK 信号的产生与解调

2PSK 信号的产生方法有直接调相法和相位选择法两种，如图 3-6 所示。直接调相法采用环行调制器产生调制信号；相位选择法的基带信号"1"码控制（选择）0 相位载波信号输出，"0"码控制 π 相位载波信号输出，从而获得了绝对调相的已调信号。

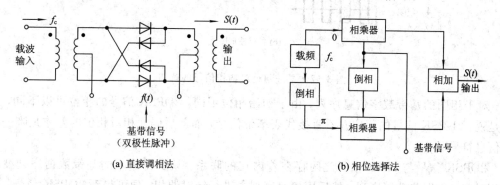

(a) 直接调相法　　　　　　　　　　　(b) 相位选择法

图 3-6　二进制绝对调相信号的产生电路

2PSK 信号的解调用相干检测法，又称为极性比较法，其电路原理方框图如图 3-7(a) 所示。

先将调相信号 $S(t)$ 经全波整流后，通过窄带滤波器（中心频率为 $2f_c$）将整流后得到的二次谐波成分（$2f_c$）滤出。然后对 $2f_c$ 信号限幅、二分频，二分频器输出的就是提取出来的相干载波，其形状为方波，此为载波提取过程。2PSK 已调波 $S(t)$ 与相干载波通过相乘器进行极性比较（即解调），解调获得输出信号，如图 3-7(b) 所示。极性相同，输出为正；极性相反，输出为负，如图中①、⑤和⑥的波形。乘法器输出信号经低通滤波和判决后，即可得到基带信号，如图中⑦的波形。

2PSK 信号的解调存在一个问题，即二分频电路输出存在相位不定性或称相位模糊问题（相位可能为 0°，也可能为 180°）。当二分频电路输出的相位不定时，相干解调输出的基带信号就会存在 0 或 1 倒相现象。解决这一问题的方法就是采用相对调相，即 2DPSK 方

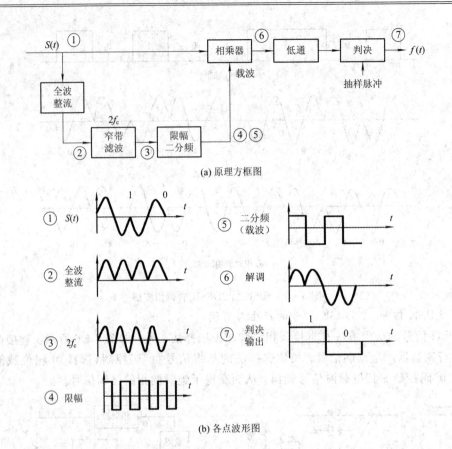

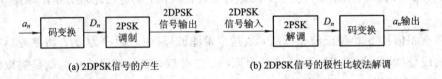

图 3 - 7　二进制绝对调相信号的解调

式。对于相同的基带数字信息序列，由于初始相位不同，2DPSK 信号的相位可以不同，也就是说，2DPSK 信号的相位并不直接代表基带信号，而前后码元相对相位的差才是唯一决定信息符号的。

　　2DPSK 信号与 2PSK 信号之间存在着内在的联系。只要将输入的基带数据序列变换成相对序列，即差分码序列，然后用相对序列去进行绝对调相，便可得到 2DPSK 信号，如图 3 - 8(a)所示。

图 3 - 8　2DPSK 信号的产生与解调

　　设 a_n、D_n 分别表示绝对码序列和差分码序列，其相应关系为

$$D_n = a_n \oplus D_{n-1} \tag{3-9}$$

式中，$\oplus$ 为模 2 加。按上式计算时，初始值 D_{n-1} 可以任意假设，但应有：当 $a_n = 1$ 时，$D_n \neq D_{n-1}$；当 $a_n = 0$ 时，$D_n = D_{n-1}$。

　　2DPSK 的解调方法有两种，极性比较法(相干解调)和相位比较法(差分相干解调)。图

3-8（b）所示的是极性比较法的实现原理框图。极性比较法是对 2DPSK 信号先进行
2PSK 解调，然后用码变换器将差分码变为绝对码。在进行 2PSK 解调时，可能会出现"1"、
"0"倒相现象。但变换为绝对码后的码序列是唯一的，即与倒相无关。接收端码变换器的功
能是完成 $D_n \rightarrow a_n$ 的转换。由式（3-9）运算，应有

$$a_n = D_n \oplus D_{n-1} \tag{3-10}$$

2DPSK 信号的另一种解调方法是相位比较法，又称差分相干解调法。具体解调原理将在
DQPSK 信号中介绍。

　　3）多相调制

　　上面讨论的二进制调相是用载波的两种相位（0，π）去传输二进制的数字信息"1"、
"0"，如图 3-9(a)所示。在现代数字微波和卫星通信中，为了提高信息传输速率，往往利
用载波的一种相位去携带一组二进制信息码，如图 3-9(b)、(c)所示。

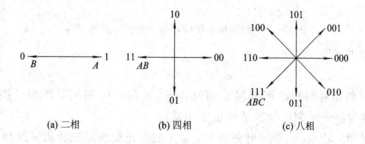

(a) 二相　　　　　(b) 四相　　　　　(c) 八相

图 3-9　多相调制的相位矢量图

　　四相调制，既可以表示为 QPSK，也可以表示为 4PSK，它是用载波的四种不同相位与
两位二进制信息码（AB）的组合（00，01，11，10）对应来表征传送的数据信息。在 QPSK 调
制中，首先对输入的二进制数据按二位数字编成一组，构成双比特码元。其组合共有 2^2
种，即有 2^2 种不同状态，故可以用 $M = 2^2$ 种不同相位或相位差来表示。若在载波的一个周
期 2π 内均匀地分成四种相位，可有两种方式，即 $\left(1, \dfrac{\pi}{2}, \dfrac{3\pi}{2}, 2\pi\right)$ 和 $\left(\dfrac{\pi}{4}, \dfrac{3\pi}{4}, \dfrac{5\pi}{4}, \dfrac{7\pi}{4}\right)$。

故四相调制电路与这两种方式对应，就有 $\dfrac{\pi}{2}$ 调相系统和 $\dfrac{\pi}{4}$ 调相系统之分。同样，若采用八
相调制方式，在一个码元时间内可传送 3 位码，其信息传输速率是二相调制方式的 3 倍。
由此可见，采用多相调制的级数愈多，系统的传输速率愈高，但相邻载波之间的相位差愈
小，接收时要区分它们的困难程度就愈大，将使误码率增加。所以目前在多相调制方式中，
通常采用四相制和八相制。

　　四相调相已调波在两种调相系统中的矢量图，分别如图 3-10 的（a）、（b）所示。图
3-10(c)、(d)所示的是两种调相系统已调波起始调相角对应的相位起始点位置的示意图。
从图 3-10（a）、（b）所示可以看出，相邻已调波矢量对应的双比特码之间，只有一位不同。
双比特码的这种排列关系叫循环码（也叫格雷码）。在多相调制信号进行解调时，这种码型
有利于减少相邻相位误判而造成的误码，可提高数字信号频带传输的可靠性。

　　四相调制也有绝对调相和相对调相两种方式，分别记作 4PSK 和 4DPSK。绝对调相的
载波起始相位与双比特码之间有一种固定的对应关系，但相对调相的载波起始相位与双比
特码之间就没有固定的对应关系，它是以前一时刻双比特码对应的相对调相的载波相位为

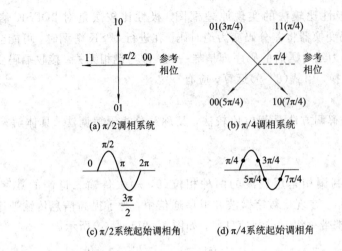

(a) π/2调相系统   (b) π/4调相系统

(c) π/2系统起始调相角   (d) π/4系统起始调相角

图 3-10 种调相系统的相位矢量图和起始相角

参考而确定的，其关系式为

$$\varphi_k = \varphi_{k-1} + \Delta\varphi_k \tag{3-11}$$

其中，φ_k 为本时刻相对调相已调波起始相位；φ_{k-1} 为前一时刻相对调相已调波起始相位；$\Delta\varphi_k$ 为本时刻相对前一时刻已调波的相位变化量。

　　四相调制产生 QPSK 信号的电路很多，常见的有正交调制法和相位选择法。其中正交调制法使用得最为普遍，图 3-11(a) 所示的就是用这种方法产生 4PSK 信号的原理图。用两位二进制信息码(AB)的组合来产生 4PSK 信号，一个 4PSK 信号可以看作两种正交的 2PSK 信号的合成，可用串/并变换电路将输入的二进制序列依次分为两个并行的序列。

　　QPSK 信号可用两路相干解调器分别进行解调，因此图 3-11(b) 中，上、下两个支路分别是 2PSK 信号解调器，它们分别用来检测双比特码元中的 A 和 B 码元，然后通过并/串变换电路还原为串行数据信息。

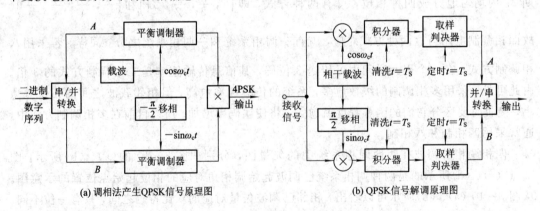

(a) 调相法产生QPSK信号原理图   (b) QPSK信号解调原理图

图 3-11　QPSK 信号的产生与解调原理图

　　AB 二码元的组合有 00、01、11 和 10 四种。序列由 00 到 01，然后到 11，再到 10，最后回到 00，其相位路径是沿正方形边界变化。两个码同时改变时，相位路径将沿对角线变化，即过原点，如图 3-12 所示。

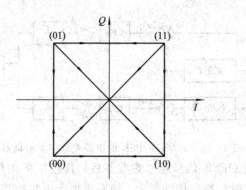

图 3 - 12　QPSK 信号的相位路径图

在调相系统中，通常是不采用绝对调相方式的。这是因为在性能较好的调相系统中，都使用相干解调方式，为了克服相干载波的倒 π 现象可能造成的严重误码，实际的四相调相系统都采用相对调相方式，即 4DPSK。

当处于外层空间的通信卫星相对于地球作高速运动时，在卫星移动通信中存在多普勒频移现象，对接收信号构成干扰，严重时会影响信息传输质量。而 π/4 - DQPSK 是一种具有多普勒频移校正功能的调制解调器，下面介绍 π/4 - DQPSK 信号的产生与解调。

四相相对调相可采用类似二相调相系统码变换的方法。在图 3 - 11(a) 给出的 4PSK 信号产生的原理图的串/并变换之前加入一个码变换器，即把输入数据序列变换为差分码序列，就为 4DPSK 信号产生的原理图。也可采用正交调制法产生相对调相信号，方框图如图 3 - 13 所示，这是一个 π/4 调相系统。

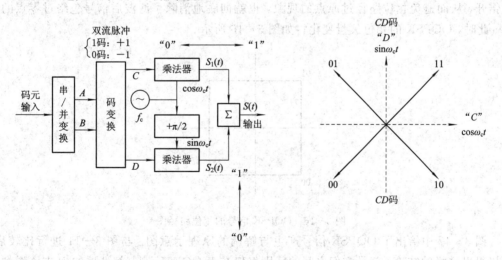

图 3 - 13　四相相对调相电路方框图(π/4 系统)

差分相干解调是以相邻前一码元的载波相位作为参考相位的，故解调时可直接比较前后码元载波的相位，从而直接得到相位差携带的数据信息。在图 3 - 14 中给出了 DQPSK 差分相干解调器的框图。从图 3 - 14 中可以看出，解调的目的就是从已调 DQPSK 信号中恢复出 $\Delta\varphi_k$。在已调信号中存在多普勒频移的情况下，能正确恢复出 $\cos\varphi_k$ 和 $\sin\varphi_k$ 即可。

OQPSK 称为偏置四相移相键控，它是在 QPSK 基础之上发展起来的。

从 QPSK 的相位路径图中可以看出，当两位码同时变化时，QPSK 信号的相位矢量必

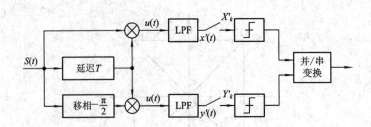

图 3 - 14　π/4－DQPSK 的中频差分相干解调器框图

将经过原点。这意味着 QPSK 信号经过滤波器后，其包络将在相位矢量过原点时为 0，如图 3 - 15 所示，可见此时包络起伏性最大。如果再加上卫星信道的非线性及 AM/PM 效应的影响，那么这种包络的起伏性将转化为相位的变化，从而给系统引入了相位噪声，严重时会影响系统通信质量。因此，应尽可能地使调制后的波形具有等幅包络特性。OQPSK 正是基于此思路发展起来的。

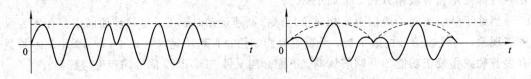

图 3 - 15　QPSK 经过带通滤波器前后的波形

　　由于在 QPSK 调制中只是当 A 和 B 路的符号同时发生变化时，相位路径才会通过原点，因此，如果人为地让 A 与 B 支路间存在一定的时延，那么将使两个支路的跳变时刻彼此错开，从而避免相位路径过原点的现象，也就彻底地消除了滤波后信号包络过零点的情况。此时，OQPSK 的相位矢量变化将如图 3 - 16 所示。

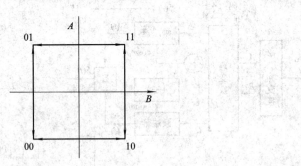

图 3 - 16　OQPSK 信号的相位路径图

　　图 3 - 17 中给出了 OQPSK 信号产生与解调的原理示意图。与图 3 - 11 进行比较后，可以得出这样的结论，就是它们之间的区别仅仅在于 OQPSK 调制解调器的 B 支路增加了一个延时器，所延时的时间 T_b 为符号间隔（T_0）的一半，即 $T_b = T_0 / 2$。图 3 - 17 中 T_b 为 1 bit。

　　OQPSK 信号的相干解调原理也与 QPSK 的相干解调原理相同，同样存在相位模糊问题，而且由 A 和 B 支路的彼此独立性决定了 OQPSK 的相干解调误码性能也与 QPSK 相同。

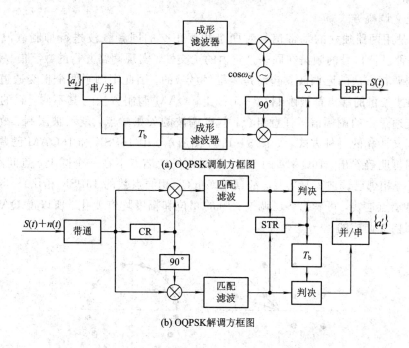

(a) OQPSK调制方框图

(b) OQPSK解调方框图

图 3 - 17　OQPSK 信号产生与解调的方框图

2. QAM 方式

QAM 是正交幅度调制的英文缩写，又称正交双边带调制。它是将两路独立的基带波形分别对两个相互正交的同频载波进行抑制载波的双边带调制，所得到的两路已调信号再进行矢量相加，这个过程就是正交幅度调制。这是一种既调幅又调相的调制方式，它广泛地应用于微波通信中。

1）2ASK 信号的产生与解调

振幅键控是利用载波的幅度变化来传递数字信息，而其频率和初始相位保持不变。其中 2ASK 是一种最简单的数字幅度调制方式，载波幅度随基带数据信号变化。图 3 - 18 所示的是 2ASK 调制系统基本构成框图。

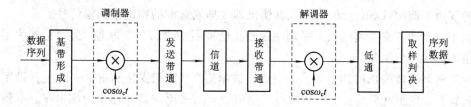

图 3 - 18　2ASK 调制系统基本构成框图

调制器就是一个乘法器，因此已调信号可写为

$$e(t) = S(t)\cos\omega_c t \tag{3-12}$$

2ASK 信号的波形和功率谱见图 3 - 1(a)和图 3 - 2(a)中。

2）QAM 信号

由调相原理可知，增加载波调相的相位数，可以提高信息传输速率，即增加信道的传输容量。单纯靠增加相数，会使设备复杂化，同时误码率也随之增加，于是提出了具有较好性能的正交调幅方式。

　　QAM 是用两路独立的基带信号对两个相互正交的同频载波进行抑制载波双边带调幅，利用这种已调信号的频谱在同一带宽内的正交性，实现两路并行的数字信息的传输。

　　多进制调相方法的已调波其包络是等幅(恒定)的，因此限制了两个正交通道上的电平组合，已调波矢量的端点都被限制在一个圆上。QAM 调制方法与其不同，它的已调波可由每个正交通道上的调幅信号任意组合，其已调波的矢量端点，就不被限制。故 QAM 调制是既调幅又调相的一种方式，如图 3-19 左图所示。由 16PSK 和 16QAM 已调波矢量端点的星座图可明确看出，16QAM 的 16 个已调波矢量端点不在一个圆上，点间距离较远。解调时，区分相邻已调波矢量容易，故误码率低(与相同点数的 16PSK 相比)。当把坐标原点与各矢量端点连线，可看出各已调波矢量的相位和幅度均有变化。所以说 QAM 方式的载波是既调幅又调相的。

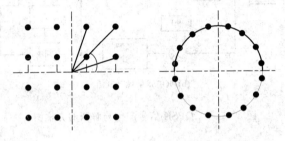

图 3-19　16PSK 和 16QAM 方式的星座图

　　近年来，在 140 Mb/s PDH 数字微波通信系统中使用的是 16QAM、64QAM 调制方式的设备，而在 SDH 微波通信系统中的设备则采用 64QAM、128QAM 以及 512QAM 调制方式。

　　图 3-20 给出了 16QAM 正交调制法的调制解调原理图。

　　信息速率为 f_B 的基带数字序列经串/并变换后，在两个正交支路 I、Q 中都变成两个二进制码，其码元速率为 $f_B/2$。在每个支路中，2/4 电平变换电路相当于又一次串/并变换，使每个支路具有四电平信号，故码速为 $f_B/4$。经预滤波限带后，送入乘法器进行抑制载波的双边带调幅(DSB-SC)。相乘器输出即为抑制载波的四电平调幅信号。

　　同相支路和正交支路的四电平调幅信号在合成器中进行矢量相加，经滤波放大后，即可输出 16QAM 已调波。

　　为了将解调器输出的四电平信号变成二进制码，在同相支路和正交支路上各设置三个阈值比较器。当四电平的某电压值超过某阈值时，则该比较器的输出为高电平；不到最小阈值时，比较器输出为最低电平。三个阈值比较器的输出并行送入逻辑电路，逻辑电路根据输入的不同阈值等级，处理成相应的双比特二电平码，完成 4/2 电平变换。同相和正交支路的 $f_B/2$ 码流再经过并/串变换，就可恢复发端速率为 f_B 的基带数字序列。

　　为了进一步说明正交调幅信号的特点，还可以从已调信号的相位矢量表示方法来讨论，并用 4QAM 正交调幅信号的产生电路加以说明，如图 3-21 所示。正交幅度的 A 路的"1"对应于 0°相位，A 路的"0"则对应于 180°相位，而 B 路的载波与 A 路相差 90°，则 B 路的"1"对应于 90°相位，B 路的"0"对应于 270°相位。A、B 两路调制输出合成后，则输出信

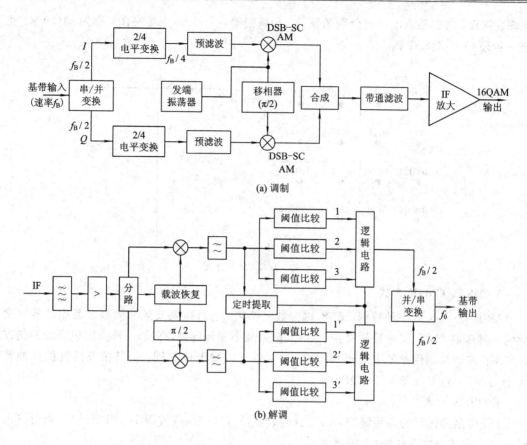

(a) 调制

(b) 解调

图 3 - 20 16QAM 正交调制法的调制解调原理图

号可有四种不同相位，各代表一组 AB 二元码组，即 00、01、11、10。这四种组合所对应的相位矢量关系如图 3 - 21 所示。

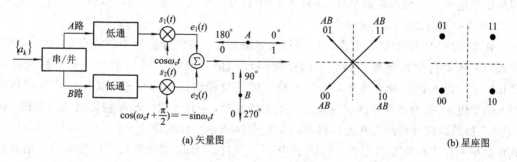

(a) 矢量图　　　　　　　　　　　　　　　　　(b) 星座图

图 3 - 21 4QAM 信号的产生电路、相位矢量及星座表示

　　如果只画出矢量端点，则如图 3 - 21(b) 所示，称为 QAM 的星座表示。星座图上有四个星点，则称为 4QAM。从星座图上很容易看出：A 路的"1"码位于星座图的右侧，"0"码在左侧；而 B 路的"1"码则在上侧，"0"码在下侧。星座图上各信号点之间的距离越大抗误码能力越强。

　　16QAM 星座图如图 3 - 22 所示。采用二路四电平码送到 A、B 的调制器，那么正交调幅的每个支路上均有四个电平，每路在星座上有 4 个点，于是 $4 \times 4 = 16$，组成 16 个点的星座图。同理，将二路八电平码分别送到 A、B 调制器，可得 64 点星座图，称为 64QAM。更进一步还有 256QAM 等。

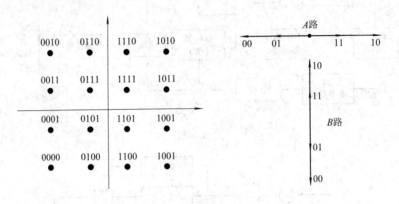

图 3-22 16QAM 星座图

3. MSK、GMSK 方式

MSK 是 FSK 的一种特例。FSK 称为数字调频，它是指载波频率随基带数据信号而变化的一种调制方式，又称移频键控。MSK 称为最小移频键控，它是一种恒定包络的调制方式，而且其频带利用率低于 QPSK，它的功率效率与 QPSK 相同，但其抗非线性的性能要优于 QPSK，甚至优于 $\pi/4$-QPSK。

1) 2FSK 方式

2FSK 是二进制的移频键控，用二进制数字信号来控制载波频率，当传送"1"码时输出频率 f_1，当传送"0"码时输出频率 f_0。

2FSK 信号的波形可以看做是载波频率 f_1 和 f_0 的两个 2ASK 信号的复合，见图 3-1 (b)，功率谱密度由两个双边带谱叠加而成，见图 3-2(c)。若两个载波频率之差小于数据调制信号速率 f_b，则连续谱呈现单峰；如两个载波频率之差较大，则出现双峰。

2) 最小移频键控——MSK

在实际应用中，有时要求发送信号具有包络恒定、高频分量较小的特点。PSK、QAM 等调制方式具有相位突变的特点，因而影响已调信号高频分量的衰减。最小移频键控 (MSK) 是 2FSK 的一种改进型，是一种特殊的连续相位的频移键控，又称快速移频键控 FFSK。"快速"指的是这种调制方式对于给定的频带，它能比 2PSK 传输更高速的数据；而 "最小"指的是这种调制方式能以最小的调制指数 $(h=0.5)$ 获得正交的调制信号。MSK 方式在功率利用率和频带利用率上均优于 2PSK，因此，MSK 调制方式已广泛运用于地面移动通信和卫星移动通信领域。

MSK 信号可写成

$$e_{MSK}(t) = I_k \cos\left(\frac{\pi}{2T_b}t\right)\cos\omega_c t + Q_k \sin\left(\frac{\pi}{2T_b}t\right)\sin\omega_c t$$

MSK 信号的产生与解调框图如图 3-23 所示。

MSK 方式的特点有以下几点：

(1) 能以最小的调制指数 $(h=0.5)$ 获得正交信号，且保持两个频率正交。

(2) 能使相差半个周期的正弦波产生最大的相位差。MSK 信号所选择的两个信号频

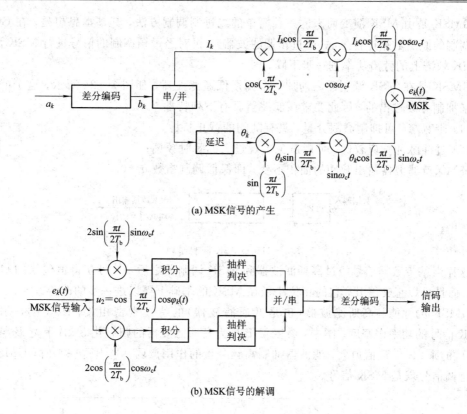

(a) MSK信号的产生

(b) MSK信号的解调

图 3 - 23　MSK 信号产生与解调框图

率 f_1 和 f_0 在一个码元期间的相位积累严格地相差 $180°$，即 f_1 和 f_0 信号的波形在一个码元期间恰好差半个周期。

（3）已调信号的相位路径是连续的，在所获得的相应 MSK 信号中不存在相位突变的现象。

（4）MSK 信号在第 k 码元的相位不仅与当前码元 a_k 有关，而且与前面的码元 a_{k-1} 及其相位有关。具体关系可用下式表示：

$$\varphi_k(t) = a_k \frac{\pi}{2T_b} t + \varphi_k$$

式中 a_k 代表第 k 个码元中所携带的数据，a_k 取 ± 1，可见 $\varphi_k(t)$ 的微分正比于 a_k。而 φ_k 为第 k 个码元的相位

$$\varphi_k = \varphi_{k-1} + (a_{k-1} - a_k)k \frac{\pi}{2} = \begin{cases} \varphi_{k-1} & a_{k-1} = a_k \\ \varphi_{k-1} \pm k\pi & a_{k-1} \neq a_k \end{cases}$$

从上式可以看出，它也是由第 k 个码元中所携带的数据 a_k 决定的，而且符合差分编码关系，因此在 MSK 信号调制器和解调器中分别进行差分编码与解码。

3）GMSK 方式

在邻道间隔很小的场合，如在移动通信以及卫星移动通信系统中，要求邻道干扰小于 $-60 \sim 70$ dB。尽管 MSK 信号的功率谱特性比 QPSK 信号有所改善，但仍不能满足要求。为了进一步改善已调信号的功率谱特性，就必须采用 GMSK 方式。

GMSK 是由 MSK 演变而来的一种简单的二进制调制方法，其基本思想是，在 GSMK 中将调制的原始数据进行过滤（通过预调滤波器），再对经过预调制的信号进行 MSK 调制，使 MSK 频谱上的旁瓣功率进一步下降。

GMSK 是在 MSK 调制器之前加一个高斯低通滤波器，如图 3-24 所示。这个滤波器是用来抑制旁瓣输出的，因此要求该滤波器具有下列特性：

(1) 带宽窄，可抑制高频分量，具有陡峭的截止特性；

(2) 过冲脉冲响应较低，可以避免出现过大的瞬时频偏；

(3) 保持滤波器输出脉冲的面积不变，即保证调制指数 $h=0.5$。

图 3-24 GMSK 调制原理

这样当基带数据信号经过高斯滤波器和 MSK 调制器之后，就可获得恒包络的 GMSK 信号，而且可以正交展开，它的相位路径在 MSK 的基础上得以进一步的改善。

GMSK 的性能与高斯滤波器（也是低通滤波器）的特性紧密相关。图 3-25 示出了 GMSK 信号的功率谱密度。图中，参变量 BT_b 为高斯滤波器的归一化 3 dB 带宽 B 与码元长度 T_b 的乘积。BT_b 值愈大，滤波器抑制高频分量的作用愈弱，当 $BT_b \to \infty$ 时，GMSK 输出的已调信号就是 MSK 信号。

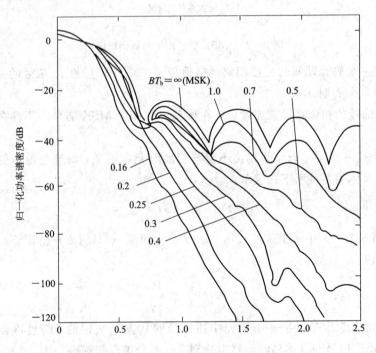

图 3-25 GMSK 信号的功率谱密度

GMSK 信号的频谱特性的改善是通过降低误比特率性能换来的。带宽越窄，输出功率谱就越紧凑，误比特率性能变得越差。不过，当 $BT_b = 0.25$ 时，误比特率性能下降并不严重。所以通常采用 $BT_b = 0.2 \sim 0.25$ 的滤波器。GMSK 的误码性能要比 MSK 差。

4. 性能指标

1) 数字调制信号所占带宽

不同的调制方式，其调制解调原理不同，因而所获得的已调信号所占的带宽也不同。

对 MQAM 系统而言，A、B 各路基带信号的电平数应是 $M^{\frac{1}{2}}$。按多电平传输分析，A 路和 B 路每个符号（码元）含有的比特数应为 $\log M^{\frac{1}{2}} = \frac{1}{2}\mathrm{lb}M$。如令 $k = \mathrm{lb}M$，则相当于 $\frac{k}{2}$ 个二元码组成一个符号。设符号间隔（即符号周期）为 $T_{\frac{k}{2}} = \dfrac{1}{f_{\mathrm{s}\cdot\frac{k}{2}}}$，$f_{\mathrm{s}\cdot\frac{k}{2}}$ 为符号速率（单位：波特 B）。由于总速率为 f_b，则 A、B 各路的比特率为 $\dfrac{f_\mathrm{b}}{2}$，并有

$$\frac{f_\mathrm{b}}{2} = f_{\mathrm{s}\cdot\frac{k}{2}}\cdot\mathrm{lb}M^{\frac{1}{2}} = \frac{1}{2}f_{\mathrm{s}\cdot\frac{k}{2}}\cdot\mathrm{lb}M \tag{3-13}$$

如果基带形成滤波器采用滚降特性（α 为滚降系数），因抽样频率 $f_N = \dfrac{1}{2T_{\frac{k}{2}}}$，故调制系统带宽应为

$$B = 2(1+\alpha)f_N = 2(1+\alpha)\frac{1}{2T_{\frac{k}{2}}} = (1+\alpha)f_{\mathrm{s}\cdot\frac{k}{2}} \tag{3-14}$$

这样当 $M = 4$ 时，则 $B = (1+\alpha)\cdot\dfrac{f_\mathrm{b}}{2}$，即带宽由输入信号速率决定。因此，当输入信号速率一定时，多电平数字调幅所要求的带宽将低于 2ASK。

对于 MPSK 系统而言，由于 QPSK 信号可以看成是对两个正交载波进行二电平双边带调制后所得到两路 2ASK 信号的叠加，以此类推，MPSK 信号则是对彼此正交的两个载波进行调制后的两路 MASK 信号的叠加。因此，MPSK 信号与 MQAM 信号的频带宽度及频带利用率相同，而且 M 越大，频带利用率也越高。

对于 MSK 系统，它是相位连续的 2FSK 信号的特例（调制指数 $h = 0.5$ 的 2FSK），可以看成是两个 2ASK 信号合成。2FSK 信号的带宽约为 $B = (2+h)f_\mathrm{b}$。因此，很容易求出 MSK 信号的带宽 $B = 2.5f_\mathrm{b}$。

由上面的分析可以得出这样的结论，QAM、QPSK/DQPSK 和 OQPSK 信号谱宽（带宽）相同，并且是 BPSK/DBPAK 的一半，而 MSK 信号谱宽介于 QPSK 和 BPSK 之间。当在 MSK 调制器前加一个高斯滤波器时，就可获得相位特性更为平滑的 GMSK 信号。理想情况下，GMSK 信号的谱宽应与 MSK 信号相同。但由前面的分析可知，实际的信号带宽与所使用的滤波器带宽有关。

2) 频带利用率

频带利用率是描述数据传输速率与带宽之间关系的一个指标，也是衡量数据通信系统有效性的指标，它是输入数据序列的比特率与信道带宽的比值，常用符号 η 表示，即 $\eta = \dfrac{f_\mathrm{b}}{B}$，单位为 $\mathrm{bit}/(\mathrm{Hz}\cdot\mathrm{s})$。对于多电平数字调制系统而言，$\eta$ 的表达式为

$$\eta = \frac{\mathrm{lb}M}{1+\alpha} \tag{3-15}$$

【例 3 - 1】 已知一个正交调幅系统采用 16QAM 调制，带宽为 3600 Hz，滚降系数 $\alpha=$ 0.5。试求出每路所采用的电平数、调制速率（符号速率）、总比特率和频带利用率。

解 ① 每路所采用的电平数为

$$M^{\frac{1}{2}} = 16^{\frac{1}{2}} = 4 \text{（种）}$$

② 每路的调制速率为

$$f_s \cdot \frac{k}{2} = f_N/2 = F_m = 3600 \text{ Hz}$$

每路的比特率（二进制）为

$$f_N = 2 \times 3600 = 7200 \text{ Hz}$$

③ 总比特率为

$$2f_N = 2 \times 7200 = 14\,400 \text{ Hz}$$

④ 频带利用率为

$$\eta = \frac{\text{lb}M}{1+\alpha} = \frac{\text{lb}16}{1+0.5} = 2.667 \text{ bit/(Hz} \cdot \text{s)}$$

3）误码性能分析

在数字系统中用误码率来衡量系统的性能。

E_b 为单位比特的平均信号能量，n_0 为噪声的单边功率谱密度。各种调制方式的误码率可分析如下：

(1) 当 E_b/n_0 一定时，M 愈大，系统的误码率也愈大。

(2) 差分数字调相方式的误码性能要优于一般的 PSK 方式的误码性能。

(3) 高斯滤波器对高频分量的抑制作用愈强，则可获得更为平滑的相位路径曲线，但给系统引入的码间干扰也愈大，对系统的误码性能的影响愈大。

5. 载波同步技术

接收端进行相干解调时需要产生一个相干载波，与接收信号相乘进行解调。这就要求接收端相干载波与发送端载波要同频率同相。要获得与发送载波的频率和相位相同的信息，需要进行载波提取和形成。

目前，接收端获取相干载波的方法主要有两类：一是直接提取法；二是利用插入导频提取相干载波。

从接收的已调信号中提取相干载波，首先要考虑的问题是接收的已调信号中是否含有载波频率分量。如果接收的已调信号中含有载波频率分量（线谱），就可以直接通过窄带滤波器提取。

在数据传输中，载波频率分量本身不携带信息。多数调制方式中都采用抑制载波频率分量的方式，即已调信号中不直接含有载波频率分量。这时，就无法直接从接收信号中提取载波的频率和相位信息。但是，对于 2PSK、QAM 等信号，只要对接收信号波形进行适当的非线性处理，就可以使处理后的信号中含有载波的频率和相位信息。这时，就可以通过窄带滤波器提取相干载波了。图 3 - 26 所示为用平方处理法提取载波的原理。

为了防止和减少由于接收信号幅度波动和接收信号瞬时中断所造成的提取相干载波的频率和相位不稳定并减少提取相干载波的相位抖动，可以采用插入锁相环的方式，进行载波跟踪。适当地选择锁相环的增益，可以使静态相位差足够小，并使输出的提取载波相位抖动控制在许可的范围内。插入锁相环的另一作用是当接收信号瞬时中断时，由

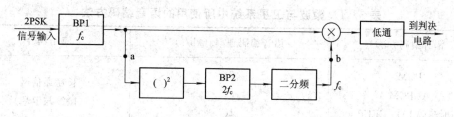

图 3-26　用平方处理法提取载波

于锁相环内的压控振荡器的作用，可以维持本地输出的相干载波不中断，以保持系统稳定。

3.3　编 码 技 术

3.1.1　信源编码技术

信源编码是指首先将话音、图像等模拟信号转换成为数字信号，然后再根据传输信息的性质，采用适当的编码方法。为了降低系统的传输速率，提高通信系统效率，就要对话音或图像信号进行频带压缩传输。

数字微波通信系统采用的最基本的语音编码方式为标准的脉冲编码调制（PCM）方式，即以奈奎斯特抽样定理为基准，将频带宽度为 300～3400 Hz 的语音信号变换成为 64 kb/s 的数字信号。调制后经微波线路传输，在收端进行解调，经数/模转换便恢复出原有的模拟信号，系统可以在有限的传输带宽内保证系统的误码性能，实现高质量的信息传输。

在数字卫星通信系统中，实施了信号频带压缩技术，可以充分利用有效的频率资源，降低传输速率。数字卫星通信中的编码速率在 16～64 kb/s，而移动卫星通信中的编码速率在 1.2～9.6 kb/s，在一定编码速率下，应尽可能提高话音质量。

在数字系统中所采用的话音信号的基本编码方式包括三大类：波形编码、参数编码和混合编码。

波形编码是直接将时域信号变成为数字代码，力图使重建语音波形保持原语音信号的波形形状的一种编码方式。波形编码的基本原理是在时间轴上对模拟语音按一定的速率抽样，然后将幅度样本分层量化，并用代码表示。如 PCM、ΔM、ADPCM、SBC、VQ 等。

参数编码是以发音机制模型作为基础，直接提取语音信号的一些特征参量，并对其编码。其基本原理是根据语音产生的条件，建立语音信号产生的模型，然后提取语音信息中的主要参量，经编码发送到接收端。接收端经解码恢复成与发端相应的参量，再根据语音产生的物理模型合成输出相应语音，即采取的是语音分析与合成的方法。其特点是可以大大压缩数码率，因而获得了广泛的应用。当然其语音质量与波形编码相比要差一点。

混合编码是一种综合编码方式，它吸取了波形编码和参数编码的优点，使编码数字语音中即包括语音特征参量，又包括部分波形编码信息。

表 3-1 给出了一些微波与卫星系统中所采用的语音编码方法的情况。

表 3 - 1　微波与卫星系统中所使用的语音编码方法

语音编码方法	语音编码速率/(kb/s)	应用场合
PCM	64	长途通信网
ADPCM	32	（微波与卫星）
短时延码 LD - CELP	16	
CELP	4.8～16	
RPE - LTP	13.2	移动通信
VSELP	8	
LD - CELP	16	
APC	16	
LPC	6.4	卫星移动通信
VSELP	4.8～8	
多带激励 MBE	2.4～4.8	

无论是 PCM 信号或是 ΔM 信号，其占带宽度均远大于模拟语音信号，因此，长期以来，人们一直在研究压缩数字化语音占用频带的工作，即在相同质量指标条件下降低数字化语音的数码率，以提高数字通信系统的频带利用率。这一点对于频率资源十分紧张的超短波陆地移动通信、卫星通信系统等很有实用意义。

通常把低于 64 kb/s 的语音编码方法称为语音压缩编码技术，其方法很多，如自适应差分脉码调制（ADPCM）、自适应增量调制（ADM）、子带编码（SBC）、矢量量化编码（VQ）、变换域编码（ATC）、参量编码（声码器）等。

3.1.2　信道编码技术

1. 信道编码的基本理论

信道编码是指在数据发送之前，在信息码之外附加一定比特数的监督码元，使监督码元与信息码元构成某种特定的关系，接收端根据这种特定的关系来进行检验。

信道编码不同于信源编码。信源编码的目的是为了提高数字信号的有效性，具体地讲就是尽可能压缩信源的冗余度，其去掉的冗余度是随机的、无规律的。而信道编码的目的在于提高数字通信的可靠性，它加入冗余码来减少误码，其代价是降低了信息的传输速率，即以减少有效性来增加可靠性。其增加的冗余度是特定的、有规律的，故可利用其在接收端进行检错和纠错，保证传输质量。因此，信道编码技术亦称差错控制编码技术。

差错控制是指当信道差错率达到一定程度时，必须采取的用以减少差错的措施。

通常差错控制方式又可分为三大类：前向纠错（FEC）、检错重发（自动请求重发，ARQ）以及使用 FEC 和 ARQ 技术的混合纠错方式。

1）前向纠错方式

前向纠错又称为自动纠错（FEC），它是指检测端检测到所接收的信息出现误码的情况下，可按一定的算法，自动确定发生误码的位置，并自动予以纠正。其特点是单向传输、实时性好，但译码设备较复杂，且纠错能力越强，编译码设备就越复杂。

2) 检错重发方式

检错重发也称为自动请求重发(ARQ)，它是指在接收端检测到接收信息出现差错之后，通过反馈信道要求发送端重发原信息，直到接收端得到正确信息为止，从而达到纠错的目的。其特点是需要反馈信道、译码设备简单，对突发错误和信道干扰较严重时有效，但实时性差，主要在计算机数据通信中得到应用。检错重发系统根据工作方式又可分为三种，即停发等候重发系统、返回重发系统和选择重发系统。

3) 混合纠错方式

混合纠错方式记作 HEC，是 FEC 和 ARQ 方式的结合。在此种方式中，当接收端检测到所接收的信息存在差错时，只对其中少量的错误自动进行纠正，而超过纠正能力的差错仍通过反向信道发回信息，要求重发此分组。这种方式具有自动纠错和检错重发的优点，可达到较低的误码率，因此，近年来得到广泛应用，但需双向信道和较复杂的译码设备及控制系统。

编码的纠错和检错能力由汉明距离(码的最小距离 d_0)决定，通常存在下列几种情况。

(1) 若要求检测 e 个错码，则 d_{min} 应满足：$d_{min} \geqslant e+1$。

(2) 若要求能够纠正 t 个错码，则 d_{min} 应满足：$d_{min} \geqslant 2t+1$。

(3) 若要求能够纠正 t 个错码，同时检测 e 个错码，则 d_{min} 应满足：$d_{min} \geqslant e+t+1$。

在微波与固定卫星系统中使用的纠错编码有线性分组码、循环码、BCH 码和卷积码等。

在 SDH 通信系统中，还使用比特交织奇偶检验(BIP)码，用以进行再生段和复用段的通道检错。

在卫星移动通信系统中，采用分组码、卷积码交织编码以及 Turbo 码等来有效地纠、检突发错误。

2. 分组编码与交织技术

1) 线性分组码

线性码是按照一组线性方程构成的，分组码是将每 k 个信息码元分为一组，然后按一定的规律产生 r 个监督码元，那么分组码的长度 $n = k+r$，通常用符号(n, k)表示。线性分组码是指信息码元与监督码元之间的关系可以用一组线性方程来表示的分组码，即在(n, k)分组码中，每一个监督码元都是将码组中某些信息码元按模 2 和而得到的，线性分组码是一类重要的纠错码，应用很广。

一般说来，若码长为 n，信息位数为 k，则监督位数 $r = n - k$。如果希望用 r 个监督位构造出 r 个监督关系式来指示一位错码的 n 种可能位置，则要求

$$2^r - 1 \geqslant n \quad 或 \quad 2^r \geqslant k+r+1 \tag{3-16}$$

现以$(7, 4)$分组码为例来说明线性分组码的特点。设其码字为 $A = [a_6 a_5 a_4 a_3 a_2 a_1 a_0]$，其中前 4 位是信息元，后 3 位是监督元，可用下列线性方程组来描述该分组码，产生监督元。

$$\begin{cases} a_2 = a_6 + a_5 + a_4 \\ a_1 = a_6 + a_5 \quad\quad + a_3 \\ a_0 = a_6 \quad\quad + a_4 + a_3 \end{cases} \tag{3-17}$$

显然，这 3 个方程是线性无关的。经计算可得$(7, 4)$码的 16 种许用码字，如表 3-2 所示。给出 4 位信息码，则根据式$(3-17)$就可求出 3 位监督位，从而构成分组码的一个码组。

表 3 - 2　(7，4)码的 16 种许用码组

序号	码字		序号	码字	
	信息元	监督元		信息元	监督元
0	0 0 0 0	0 0 0	8	1 0 0 0	1 1 1
1	0 0 0 1	0 1 1	9	1 0 0 1	1 0 0
2	0 0 1 0	1 0 1	10	1 0 1 0	0 1 0
3	0 0 1 1	1 1 0	11	1 0 1 1	0 0 1
4	0 1 0 0	1 1 0	12	1 1 0 0	0 0 1
5	0 1 0 1	1 0 1	13	1 1 0 1	0 1 0
6	0 1 1 0	0 1 1	14	1 1 1 0	1 0 0
7	0 1 1 1	0 0 0	15	1 1 1 1	1 1 1

不难看出，上述(7，4)码的最小码距 $d_0 = 3$，它能纠正一个错误或检测两个错误。

将式(3-17)所述(7，4)码的 3 个监督方程式改写为

$$\begin{cases} a_6 + a_5 + a_4 \quad + a_2 \quad = 0 \\ a_6 + a_5 \quad + a_3 \quad + a_1 \quad = 0 \\ a_6 \quad + a_4 + a_3 \quad + a_0 = 0 \end{cases} \tag{3-18}$$

根据式(3-18)所规定的监督关系假设如下：

$$\begin{cases} S_1 = a_6 + a_5 + a_4 + a_2 \\ S_2 = a_6 + a_5 + a_3 + a_1 \\ S_3 = a_6 + a_4 + a_3 + a_0 \end{cases} \tag{3-19}$$

$S_i(i=1，2，3)$ 称为校正子。如果所接收的码组准确无误时，校正子 S_i 全为 0，不然，则说明所接收的码组存在错码现象。表 3-3 列出了校正子与错码位置。

表 3 - 3　校正子与错码位置

S_1 S_2 S_3	错码位置	S_1 S_2 S_3	错码位置
0 0 1	a_0	1 0 1	a_4
0 1 0	a_1	1 1 0	a_5
1 0 0	a_2	1 1 1	a_6
0 1 1	a_3	0 0 0	无错

2) 交织技术

线性分组码主要是用于纠正随机错误的，但实际通信中常常会遇到突发性干扰，会出现成串或成片的多个错误，然而，信道编码仅能检测和校正单个差错和不太长的差错串，这时就需要一种具有纠正突发性错误的纠错技术，交织技术正是这样一种技术。它被广泛运用于微波与卫星通信中。

交织原理是将已编码的码字(例如按线性分组码的规律构成的[n，k]分组码)按行读入，每行包含一个(n，k)分组码，共排成 m 行，这样构成一个 m 行 n 列的矩阵，如图 5-1 所示。

传送时按列顺序读出，在接收端则以每 m 比特构成一列，并顺序读入矩阵。可见，当收到 mn 比特时，便可构成如图 3-27 所示的格式相同的矩阵，然后对每一行按已知编码

规律进行差错检测。如果已知每一行是采用 (n, k) 分组码来进行纠错编码的话，那么传输过程中连续 mb 比特出现误码时，由于是按列传送的，因此突发性误码便被分散到 m 行，每行包括 b 个错码。若此时 (n, k) 分组码具有纠正 b 个错误的能力，那么接收端恢复出的数据就与发射端所发射的数据相同。

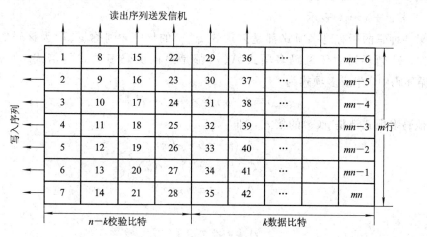

图 3 - 27　已编码数据的矩阵交织

3. 循环码与 BCH 码

BCH 码是具有纠正多个随机差错功能的循环码，它是循环码的一个重要子类。循环码 CRC 的应用非常广泛，例如在数字微波与卫星通信中的链路层都加入了 CRC 校验码，因而我们首先介绍循环码。

1) 循环码

循环码是另一类重要的线性分组码，这种码的编码和解码设备都不太复杂，而且检 (纠) 错的能力较强。它除了具有线性码的一般性质外，还具有循环性，即循环码组中任一码组循环移位所得的码组仍为该循环码中的一许用码组。表 3 - 4 中给出一种 (7, 3) 循环码的全部码字。(7, 3) 循环码有两个循环圈，一个是编号为 0 的全零码字组成的循环圈，码重为 0；另一个是剩余 7 个码字组成的循环圈，若从编号为 2 的码字开始，每次向左移动一位，可以得到如下的循环圈 1→3→7→6→5→2→4→1，其码重为 4。

表 3 - 4　(7, 3) 循环码的一种码组

码组编号	信息位 $a_6 a_5 a_4$	监督位 $a_3 a_2 a_1 a_0$
0	0 0 0	0 0 0 0
1	0 0 1	1 1 0 1
2	0 1 0	0 1 1 1
3	0 1 1	1 0 1 0
4	1 0 0	1 1 1 0
5	1 0 1	0 0 1 1
6	1 1 0	1 0 0 1
7	1 1 1	0 1 0 0

在代数理论中,为了便于计算,常用码多项式表示码字。(n,k) 循环码的码字,其码多项式(以降幂顺序排列)为

$$A(x) = a_{n-1}x^{n-1} + a_{n-2}x^{n-2} + \cdots + a_1 x + a_0 \qquad (3-20)$$

在表 3-4 中码字多项式运算时遵循模 2 规则,即 $x^i + x^i = 0$。1001110 可用多项式 $A(x) = x^6 + x^3 + x^2 + x$ 表示。

如果一种码的所有码多项式都是多项式 $g(x)$ 的倍式,则称 $g(x)$ 为该码的生成多项式。在 (n,k) 循环码中任意码多项式 $A(x)$ 都是最低次码多项式的倍式。如表 3-4 的 $(7,3)$ 循环码中,生成多项式为

$$g(x) = A_1(x) = x^4 + x^3 + x^2 + 1$$

其他码多项式都是 $g(x)$ 的倍式,即

$$A_0(x) = 0 \cdot g(x)$$
$$A_2(x) = (x+1) \cdot g(x)$$
$$A_3(x) = x \cdot g(x)$$
$$\vdots$$
$$A_7(x) = x^2 \cdot g(x)$$

因此,循环码中次数最低的多项式(全 0 码字除外)就是生成多项式 $g(x)$。可以证明,$g(x)$ 是常数项为 1 的 $r = n-k$ 次多项式,是 $x^n + 1$ 的一个因式,选择不同的因式的乘积作为生成多项式,可构成不同类型的码组的循环码。为了寻找生成多项式,必须对 $x^n + 1$ 进行因式分解。

循环码的生成矩阵可以很容易地由生成多项式得到,常用多项式的形式表示,即

$$G(x) = \begin{bmatrix} x^{k-1}g(x) \\ x^{k-2}g(x) \\ \cdots \\ xg(x) \\ g(x) \end{bmatrix} \qquad (3-21)$$

例如 $(7,3)$ 循环码,$n=7$,$k=3$,$r=4$,其生成多项式及生成矩阵分别为

$$g(x) = A_1(x) = x^4 + x^3 + x^2 + 1$$

$$\boldsymbol{G}(x) = \begin{bmatrix} x^2 g(x) \\ xg(x) \\ g(x) \end{bmatrix} = \begin{bmatrix} x^6 + x^5 + x^4 + x^2 \\ x^5 + x^4 + x^3 + x \\ x^4 + x^3 + x^2 + 1 \end{bmatrix}$$

即

$$\boldsymbol{G}(x) = \begin{bmatrix} 1 & 1 & 1 & 0 & 1 & 0 & 0 \\ 0 & 1 & 1 & 1 & 0 & 1 & 0 \\ 0 & 0 & 1 & 1 & 1 & 0 & 1 \end{bmatrix}$$

这是一个非典型的矩阵,经过变换可得到生成矩阵的典型形式:

$$\boldsymbol{G}(x) = \begin{bmatrix} 1 & 0 & 0 & 1 & 1 & 1 & 0 \\ 0 & 1 & 0 & 0 & 1 & 1 & 1 \\ 0 & 0 & 1 & 1 & 1 & 0 & 1 \end{bmatrix}$$

为了便于对循环码编译码,通常还定义监督多项式,令

$$h(x) = \frac{x^n + 1}{g(x)} = x^k + h_{k-1} x^{k-1} + \cdots + h_1 x + 1 \qquad (3-22)$$

其中 $g(x)$ 是常数项为 1 的 r 次多项式，是生成多项式；$h(x)$ 是常数项为 1 的 k 次多项式，称为监督多项式。

监督矩阵 $\boldsymbol{H}$ 也可由生成矩阵 $\boldsymbol{G}$ 得出，$\boldsymbol{G}$ 一定要为典型形式。

$$\boldsymbol{H} = [\boldsymbol{P} \quad \boldsymbol{I}_r], \ \boldsymbol{G} = [\boldsymbol{I}_k \quad \boldsymbol{Q}], \ \boldsymbol{P} = \boldsymbol{Q}^{\mathrm{T}}$$

循环码在编码时，首先要根据给定的 (n, k) 值选定生成多项式 $g(x)$，即从 $x^n + 1$ 的因式中选出一个 r 次多项式作为 $g(x)$。循环码中的所有码多项式都可被 $g(x)$ 整除，根据这条原则，就可以对给定的信息进行编码。设 $m(x)$ 为信息多项式，其最高幂次为 $k-1$。用 x^r 乘 $m(x)$，得到 $x^r \cdot m(x)$ 的次数小于 n。用 $g(x)$ 去除 $x^r \cdot m(x)$，得到余式 $r(x)$，$r(x)$ 的次数必小于 $g(x)$ 的次数，即小于 $n-k$。将此余式加于信息位之后作为监督位，即将 $r(x)$ 与 $x^r m(x)$ 相加，得到的多项式必为一码多项式，因为它必能被 $g(x)$ 整除，且商的次数不大于 $k-1$。因此循环码的码多项式可表示为

$$A(x) = x^r \cdot m(x) + r(x) \qquad (3-23)$$

其中 $x^r \cdot m(x)$ 代表信息位，$r(x)$ 是 $x^r \cdot m(x)$ 与 $g(x)$ 相除得到的余式，代表监督位。

根据上述原理，循环步骤可归纳如下：

(1) 用 x^r 乘 $m(x)$。这一运算实际上是把信息码后附加上 r 个 "0"，给监督位留出地方。

(2) 用 $g(x)$ 去除 $x^r \cdot m(x)$，得到商 $Q(x)$ 和余式 $r(x)$。

(3) 编出的码组为 $A(x) = x^r \cdot m(x) + r(x)$。

编码电路的主体是由生成多项式构成的除法电路，再加上适当的控制电路组成。$g(x) = x^4 + x^3 + x^2 + 1$ 时，$(7, 3)$ 循环码的编码电路如图 3-28 所示。

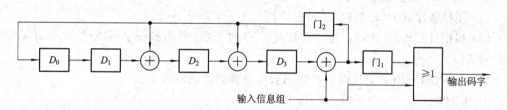

图 3-28　$(7, 3)$ 循环码编码电路

$g(x)$ 的次数等于移位寄存器的级数；$g(x)$ 的 x^0、x^1、x^2、$\cdots$、x^r 的非零系数对应移位寄存器的反馈抽头。首先，移位寄存器清零，3 位信息元输入时，门$_1$ 断开，门$_2$ 接通，直接输出信息元。第 3 次移位脉冲到来时将除法电路运算所得的余数存入移位寄存器。第 4～7 次移位时，门$_2$ 断开，门$_1$ 接通，输出监督元。具体编码过程如表 3-5 所示，此时输入信息元为 110。

循环冗余校验码，简称为 CRC 码，是最常见的检错码，其检错能力如下：

(1) 可检突发长度 $\leq n-k$ 的突发差错。

(2) 可检大部分突发长度 $= n-k+1$ 的突发差错，其中可检测的这类差错只占 $2^{-(n-k-1)}$。

(3) 可检大部分突发长度 $> n-k+1$ 的突发差错，其中不可检测的这类差错只占 $2^{-(n-k)}$。

（4）可检所有与许用码组之间的码距 $\leqslant d_{\min}-1$ 的差错。

（5）可检所有奇数个随机差错。

表 3 - 5　(7，3)循环码的编码

移位次序	输入	门 1	门 2	移位寄存器				输　出
				D_0	D_1	D_2	D_3	
0	/			0	0	0	0	/
1	1	断开	接通	1	0	1	1	1
2	1			0	1	0	1	1
3	0			1	0	0	1	0
4	0			0	1	0	0	1
5	0	接通	断开	0	0	1	0	0
6	0			0	0	0	1	0
7	0			0	0	0	0	1

循环码的译码过程就是进行检错和纠错的过程。由于任何一个码组的多项式 $A(x)$ 都应能被生成多项式 $g(x)$ 整除，因此，在接收端可以将接收码组 $R(x)$ 用原生成多项式 $g(x)$ 去除。当传输中未发生错误时，接收码组与发送码组相同，即 $R(x)=A(x)$，故接收码组 $R(x)$ 必定能被 $g(x)$ 整除。若码组在传输中发生错误，即 $R(x)\neq A(x)$，那么接收码组 $R(x)$ 必定不能被 $g(x)$ 整除。可见，可以通过余式是否为零来判断码组是否存在差错，因而这个余式就是一个校正子多项式 $S(x)$，根据 $S(x)$ 能够进行纠错和检错。

循环码的译码过程具体可分以下几步：

（1）用接收序列 $R(x)$ 除以 $g(x)$ 来计算校正子多项式 $S(x)$。

（2）根据计算出的 $S(x)$，利用类似表 3 - 3 的关系，确定校正子多项式 $S(x)$ 对应的错码位置 $E(x)$。

（3）由 $R(x)-E(x)$，从而纠正错码获得正确的译码输出。

2）BCH 码

通过对循环码的分析可知，只要找到生成多项式 $g(x)$，就可以根据信息位求出 (n, k) 循环码的编码。但如何才能寻找合适的 $g(x)$，使所编出的码具有一定纠错能力呢？BCH 码正是为了解决这个问题而发展起来的一类能纠正多个随机错误的码；这种码在译码同步等方面有许多独特的优点，故在数字微波以及数字卫星传输设备中常使用这种能纠正多重错误的 BCH 码来降低传输误码率。

BCH 码可分为两类：一类是原本 BCH 码，另一类是非原本 BCH 码。

原本 BCH 码的特点是码长为 2^m-1（m 为正整数），其生成多项式是由若干最高次数为 m 的因式相乘构成的，并且循环码的生成多项式具有如下形式：

$$g(x) = \mathrm{LCM}[m_1(x), m_3(x), \cdots, m_{2t-1}(x)] \tag{3-24}$$

其中 t 为纠错个数，$m_i(x)$ 为最小多项式，LCM 代表最小公倍式。具有上述特点的循环码就是 BCH 码。其最小码距 $d\geqslant 2t+1$（在一种编码中，任意两个许用码组之间的对应位上所具有的最小不同二进制码元数，称为最小码距）。由此可见，一个 $(2^m-1, k)$ 循环码的 2^m-1-k 阶生成多项式必定是由 $x^{2^{m-1}}+1$ 的全部或部分因式组成。而非原本 BCH 码的生成多项式中却不包含这种原本多项式，并且码长 n 是 2^m-1 的一个因子，即 2^m-1 一定是码长 n 的倍数。

　　通常使用的二进制自然码排序为 00、01、10、11，当用 4PSK 方式调制时，若以自然码排序，"00" 与 "11" 将被调制到相邻相位，解调时若有误判就会产生两个比特误码。而格雷码则为 00、01、11、10，显然不允许出现 11 与 00、10 与 01 相邻的局面，因此每次误判时最多出现 1 位误码（因为被调制到相邻相位的码元只有 1 比特不同），这就是在 QPSK 系统中其输入序列选择格雷码的原因。

　　以上是从编码角度分析的，如果从纠错编码的角度来分析，(23, 12) 也是一个格雷码，该码的码距为 7，能够纠正 3 个随机性差错。实际上它是一个特殊的非原本 BCH 码。尽管存在多种纠正 3 个随机性差错的码，但格雷码的每个信息位所要求的监督码元数最少，因此其监督位得到最充分的利用。

　　前面所介绍的 BCH 码都是二进制的，即 BCH 码的每一个码元（元素）的取值为 0 或 1。如果 BCH 中的每一个元素用多进制表示的话，例如 2^m 进制，那么 BCH 中的每个元素就可以用一个 m 位的二进制码组表示，我们称这种多进制的 BCH 码为 RS 码。例如对于其信息位为 10011 的 (15, 5)BCH 码序列是 100110111000010（利用式 (3-21) 和 (3-24) 求出）。如果此时进行 RS 编码，并取 $m=2$。即每一位将用一个 2 位的二进制码表示（若用 01 代表 "0" 码，用 10 代表 "1" 码），那么输出的 RS 码就是 100101101001101010010101011001。可见，当以 2 比特为一组计算，一旦出现 00 或 11 时或不符合循环码的循环关系时，则可以断定，该序列出现差错。因此，RS 码是一个具有很强纠错能力的多进制码。

　　一个纠 t 个符号错误的 (n, k) RS 码的参数如下：

　　码长：$n=2^m-1$ 符号　　　　　　　　或 $m(2^n-1)$ 比特。

　　信息段：k 符号　　　　　　　　　　　或 km 比特。

　　监督段：$n-k=2t$ 符号　　　　　　　　或 $m(m-k)$ 比特。

　　最小码距 $d=2t+1$ 符号　　　　　　　　或 $m(2t+1)$ 比特。

　　RS 码特别适合于纠正突发性错误。它可以纠正的差错长度具体如下（第 1 位误码与最后 1 位误码之间的比特序列）：

　　总长度为 $b_1=(t-1)m+1$ 比特的单个突发差错；

　　总长度为 $b_2=(t-3)m+3$ 比特的两个突发差错；

　　总长度为 $b_i=(t-2i+1)+2i-1$ 比特的 i 个突发差错。

4. 卷积码与维特比译码

　　卷积码不同于前面所介绍的线性分组码，它是一种非分组码。这种码所具有的特点是其编码结构简单，易于实现，同时具有较强的抗误码性能，适用于采用前向纠错的 FEC 数字通信系统中，因而这种编码普遍运用于数字微波与卫星系统之中。

　　1）卷积码

　　由前面的分析可知，(n, k) 线性分组码中，本组 $r=n-k$ 个监督元仅与本组 k 个信息元有关，与其他各组无关，也就是说分组编码器本身并无记忆性。卷积码则不同，每个 (n, k) 码段（也称子码，通常较短）内的 n 个码元不仅与该码段内的信息元有关，而且与前面 m 段的信息元有关。可见编码过程中相互关联的码元为 mn 个，这个码元数目称为这种码的约束长度，m 称为约束度。它说明卷积码编码器输出的序列中，任何相邻的 m 组均满足同一个约束关系。卷积码纠错能力随 m 的增加而增大，而差错率也随着 m 的增加而按指数规律下降。通常在编码复杂程度相同的情况下，卷积码的性能要优于线性分组码。它们之间另一点不同之处在于分组码有严格的代数结构，但卷积码至今尚未找到如此严谨的数学关系结构来解释纠错能力与码结构的规律。由上面分析可知，决定卷积码的参数有三个：码长 n、信息位 k 和约束度 m，因此通常用符号 (n,k,m) 表示卷积码，其编码效率 $R=\dfrac{k}{n}$。

图 3-29 给出了 $n=2$，$k=1$，$m=3$ 的卷积编码器的电路图。

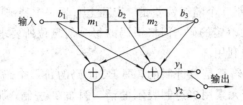

图 3-29　(2，1，3)卷积编码器的电路图

图中 m_1 和 m_2 为移位寄存器，b_1 代表当前输入状态，b_2、b_3 分别表示移位寄存器以前存储的信息位。通常 $t=0$ 时，b_1、b_2、b_3 均为 0。这样从图中可以容易地得出 $(2，1，3)$ 卷积码的编码规则：

$$\begin{cases} y_1 = b_1 \oplus b_2 \oplus b_3 \\ y_2 = b_1 \oplus b_3 \end{cases}$$

可见，当用转换开关在 y_1、y_2 输出端交替变化时，这样每输入一个信息比特，经编码产生两个输出比特。现在以一个具体的数字序列(11010)为例来进行说明：所输入的第 1 位信息码为 1，即 $b_1=1$，但 $b_2 b_3 = 00$，故输出码元 y_1、y_2 分别为 11；输入的第 2 位信息码为 1，即 $b_1=1$，此时 $b_2=1$，但 $b_3=0$，输出码元 $y_1 y_2 =01$，依此类推。表 3-6 中列出 $(2，1，3)$ 卷积码编码器的输入、输出数据关系，值得说明的是，为了保证输入的全部信息都能顺利地从移位寄存器移出，因而必须在信息位后补充 0。

表 3-6　(2，1，3)卷积码编码器的输入、输出数据关系

b_1	1	1	1	1	0	0	0	0
$b_2 b_3$	00	01	11	10	01	10	00	00
$y_1 y_2$	11	01	01	00	10	11	00	00
状态	a	b	d	c	b	c	a	a

卷积码同样也可以用矩阵的方法描述，但较抽象。为了更直观地描述卷积码，人们分别提出了树图、状态转移图和网格图结构。下面以 $(2，1，3)$ 卷积码为例来进行分析。

树图是一种形象地描述卷积码编码中数据序列在移位寄存器中移动过程的方法。按表 3-6 列出的输入、输出数据关系，画出 $(2，1，3)$ 卷积编码电路的树状图，如图 3-30 所示。

图中 a、b、c、d 分别表示 $b_3 b_2$ 的四种状态，分别为 00、01、10 和 11。由表 3-6 可知，当输入第 1 位数据之前，$b_3 b_2 b_1 = 000$，可见起点状态为 a。当第 1 位信息 $b_1=1$ 时，输出 $y_1 y_2=11$，即沿下支路到达状态 b。而当第 1 位信息 $b_1=0$ 时，输出 $y_1 y_2=00$，则沿上支路到达状态 a。如果此时输入下一位信息，则前述信息逐位向前移动一位。若第 2 位信息为

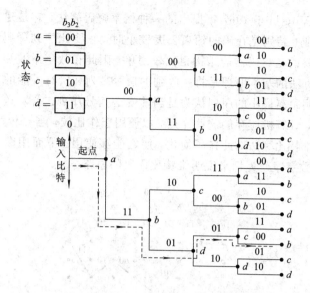

图 3-30 (2，1，3)卷积码的树状图

$b_2 = 1$(即表明前一时刻输入的信息为 1，处于状态 b)，即 $b_3 b_2 = 01$，如果此时 $b_1 = 1$，其输出 $y_1 y_2 = 01$，即到达状态 d，而输入信息 $b_1 = 0$ 时，因为此时 $b_3 b_2 = 01$，所以其输出 $y_1 y_2 = 10$，即到达状态 c。可见所有上支路对应输入比特为 0 的情况，而所有下支路则对应输入比特为 1 的情况。依此类推，便可得到图 3-30 所示的二叉树状图。树叉上所标注的码元为输出比特。

通过仔细观察图 3-30 可以发现，码树呈现重复性，即从第 4 支路开始，码树的上半部与下半部完全相同。这样就可以得到一个更为紧凑的图形——网格图，如图 3-31 所示。

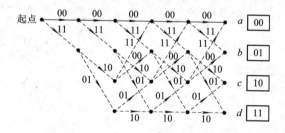

图 3-31 (2，1，3)卷积码的网格图

在网格图中，将码树中相同的状态节点合并在一起，并自上而下地用 4 行节点分别表示 a、b、c 和 d 四种状态，然后将码树中的上支路(对应输入信息为 0)用实线表示，而用虚线表示下支路(对应输入信息为 1)，在支路上所标注的码元为输出码元。图 3-31 中画出了(2，1，3)卷积码的网格图，由于它可存在 4 种状态，因而排成 4 行。而一般情况下，应有 2^{N+1} 种状态，因而从第 2^{N+1} 节点开始(从左向右计算)，网格图图形开始重复。从图 3-31 中可以看出，从第 4 个节点开始重复。可见，用网格图表示编码过程和输入输出关系比码树图更为简练。

2) 维特比译码

卷积码的译码方法有三种：维特比译码、门限译码和序列译码。这里仅就维特比译码的解码思路进行简单介绍。

维特比译码是 Viterbi 于 1967 年提出的一种概率解码算法，它是建立在信道的统计特性基础上的一种解码。特别是在码的约束长度较小时，它要比序列译码算法的效率高，而且速率更快。更重要的是解码器的结构也比较简单，因此在数字微波和卫星系统中得到了广泛的应用。这种算法的基本原理是将接收到的信号序列和所有可能的发送信号序列进行比较，选择其中汉明距离最小的序列认为是当前发送信号序列。若发送 k 个序列，则有 2^k 种可能的发送序列，计算机应存储这些序列，以便用于作比较，当 k 较大时，存储量太大，使使用受到限制。维特比算法对此作了简化，使之能够使用。下面用图 3-32 所示的卷积码编码器所编出的数字序列为例来说明维特比译码的思路。

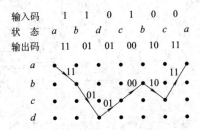

图 3-32 (2，1，3)卷积码编码过程及路径

假设接收码是 0101011010010001，当与表 3-6 中(2，1，3)卷积码的输出序列进行比较后，可知接收序列存在差错。由于(2，1，3)卷积码的码长为 2，因而当这种存在差错的序列输入维特比译码器后，将分别计算各路与接收序列之间的距离（任意两码组中对应位上具有不同二进制码元的位数称为两码组的距离），如图 3-33(a)所示。首先从起点出发，可能出现两条支路：上支路对应输入信息为"0"，输出信息为"00"；下支路对应输入信息为

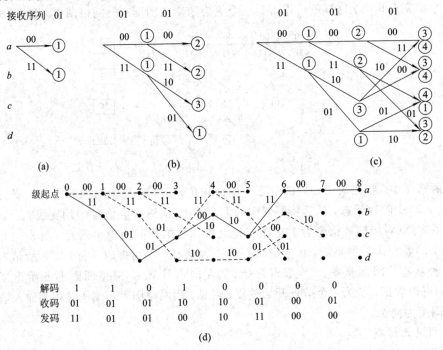

图 3-33　维特比译码过程中的网格图

"1"，输出信息为"11"。由于输入的接收序列的前两位为 01，经计算可知，每条支路与 01 序列之间的码距分别为 1 和 1，图中节点处圆圈内的数字代表从起点到该节点的路径与接收序列之间的码距。在图 3－33(b)中所示的第 2 级出现 4 条互不重叠的支路，它们的支路码距分别为 1、1、2、0。这 4 条支路与它们前面的两条支路构成 4 条路径，这 4 条路径的码距分别为 1＋1＝2，1＋1＝2，1＋2＝3，1＋0＝1。在图 3－33(c)中所示的第三级网格共有 8 条支路，从而构成 8 条路径。这时在 a 状态节点上存在两条路径，它们的路径码距分别为 3 和 4，去掉码距大的路径，而保留距离小的一条路径。因而总体上仍保留 4 条路径，即 000000、000011、110101 和 001101，对应的码距 3、3、1 和 2。当进入第四级节点时，由于第二级节点与第四级节点之间同样存在 8 条支路，从而又构成 8 条路径，并在每节点处都有两条路径，同样经过码距计算之后，保留码距小的一条支路。这样保留下的路径仍为 4 条。依次类推，最后可以得到一条终止节点仍为 a 的路径，这就是解码路径，在图 3－33 (d)中被用实线标示出来。然后将这条路径与图 3－31 的网格图相对照，可见该路径是其中的一条路径。因此，根据图 3－31 所标出的实线(信息位为 0)和虚线(信息位为 1)，就可以辨别出解码 11010000，这与表 3－6 中给出的信息序列相同。

卷积码的纠错能力是用自由距离 d_{free} 来衡量的。自由码距是指任意长编码后，序列之间的最小距离。可以从全 0 序列出发，再回到全 0 序列，将所有路径求出，即可以用网格图来求。参见图 3－31，可以清楚地看出，路径 $abca$，符合自由码距的定义 $d_{free}=5$(路径 $a \rightarrow a$ 输出 000000，路径 $abca$ 输出 111011，它们之间的码距为 5)。上例中，在一个约束长度内最多出现了两个错误(即 $t=2$)，因而可以得到纠正(即满足 $d_{free} \geqslant 2t+1$ 条件)。但当在一个约束长度内出现错误数 $\geqslant 3$ 时，则超出(2，1，3)卷积码的纠错能力。这种情况下，译码后的序列中仍存在错误。

3.4　信号处理技术

如何提高卫星系统通信容量和传输性能，这是人们普遍关注的重要问题。正是由于近年来大规模集成电路的迅速发展，使得信号处理技术在卫星通信领域取得巨大的进展。例如在 TDM 卫星移动通信系统中，采用了数字话音内插(DSI)技术，从而大大地扩大了通信容量。又如在具有长延时的卫星线路的基带线路中采用接入回波抑制器或回波抵消器的方法，用来削弱或抵消回波的影响。本节仅就数字话音内插(DSI)技术和回波控制技术进行介绍。

1. 数字话音内插(DSI)技术

数字话音内插(DSI)技术是一种提高话音电路利用率的技术，目前在卫星通信系统中广泛使用，能够提高通信容量。

由于两个人通过线路进行双工通话时，总是一方讲话，而另一方在听，因而只有一个方向的话路中有话音信号，而另一方向的线路则处于收听状态。这样就某一方向的话路而言，也只有一部分的时间处于讲话状态，而其他时间处于收听状态。根据统计分析资料显示，一个单方向话路实际传送话音的平均时间百分比，即平均话音激活率，通常只有 40% 左右。因而可以设想，如果采用一定的技术手段，仅仅在讲话时间段为通话者提供讲话话路，就可以在其空闲时间段将话路分配给其他用户。这种技术叫做话音内插，也称为话音激活技术，它特别适用于大容量数字化话音系统中。

通常所使用的数字话音内插（DSI）技术包括时分话音内插（TASI）和话音预测编码（SPEC）两种方式。

时分话音内插（TASI）技术是利用呼叫之间的间隙，听话而未说话以及说话停顿的空闲时间，把空闲的通路暂时分配给其他用户以提高系统的通信容量。而话音预测编码（SPFC）则是当某一个时刻样值与前一个时刻样值的 PCM 编码有不可预测的明显差异时，才发送此时刻的码组，否则不进行发送。这样便减少了需要传输的码组数量，以便有更多的容量可供其他用户使用。下面首先介绍时分话音内插的基本原理。

图 3-34 所示的是数字式话音内插系统的基本组成。从图中可以看出，当以 N 路 PCM 信号经 TDM 复用后的信号作为输入信号时，那么在一帧内即有 N 个话路经话音存储器与 TDM 格式的 M 个输出话路连接。其各部分功能如下。

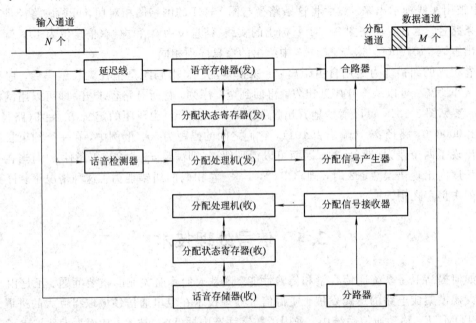

图 3-34　数字式话音内插系统的基本组成

数字式话音内插系统的各部分功能如下。

若话音检测器中的门限电平能随线路上所引入的噪声电平的变化而自动地快速调节，那么就可大大减少因线路噪声而引起的检测错误。

分配状态寄存器主要负责记录任何一个时刻、任意输入话路的工作状态以及它与其输出话路之间的连接状态。

分配信号产生器必须每隔一帧的时间在分配话路时隙内发送一个用来传递话路间连接状态信息的分配信号，这样接收端便可根据这样一个信号从接收信息中恢复出原输入的数字话音信号。

由于话音检测和话路分配均需要一定的时间，而且新的连接信息应在该组信码存入话音存储器之前送入分配状态寄存器，故 N 个话路的输入信号应先经过大约 16 ms 的时延线以保持协调工作。

发送端的话音检测器依次对各话路的工作状态进行检测，以判断是否有话音信号。当某话路的电平高于门限电平时，则认为该话路中有话音，否则认为无话音。当某话路中有语音信号通过时，立即通知分配处理机，并由其支配分配状态寄存器在"记录"中进行搜寻。如果需为其分配一条输出通道，则立即为其寻找一条空闲的输出通道。当寻找到这样一条输出通道时，分配处理机立即发出指令，把经延迟电路时延后的该通道信码存储到话音存储器内相对应的需与之相连接的输出通道单元中，并在分配给该输出通道的时间位置"读出"该信码，同时将输入通道及其与之相连的输出通道的一切新连接信息通知分配状态寄存器和分配信号产生器。如果此话路一直处于讲话状态，则直至通话完毕时，才再次改变分配状态寄存器的记录。

在接收端，当数字时分话音内插接收设备收到扩展后的信码时，分配处理机则根据收到的分配信号更新收端分配状态寄存器的"分配表"，并让各组语音信码分别存到收端话音存储器的有关单元中，再依次在特定的时间位置进行"读操作"，恢复出原输入的 N 个通路的符合 TDM 帧格式的信号，供 PCM 解调器使用。

分配信息的传送方式有两种，一种是只发送最新的状态连接信息；另一种是发送全部连接状态信息。由于在目前实用的卫星系统中经常使用第二种方式，因而这里着重讨论采用发送全部连接状态信息方式工作的系统特性。

在数字 TASI 中，当激活的话路数超过所准备的卫星信道数时，有些激活的地面信道可能暂时分配不到卫星信道，并且在别的激活信道消失以前，一直被"冻结"。这样，由于"冻结"使得有些短促话音的起始部分在传输中丢失。这种现象称作前端剪切。

当系统是用发送全部连接状态信息来完成分配信息的传递任务时，无论系统的分配信息如何发生变化，它只负责在一个分配信息周期中实时地传送所有连接状态信息，因此其设备比较简单。但在分配话路时，如发生误码的话，就很容易出现错接的现象。相比起来，系统中只发送最新连接状态时的误码影响小。

在图 3-35 中给出了语音预测编码 SPEC 发端的原理图。其工作过程如下。

话音检测器依次对输入的采用 TDM 复用格式的 N 个通道编码码组进行检测，当有话音编码输入时，则打开传送门，将此编码码组送至中间帧寄存器；否则传送门仍保持关闭状态。时延电路提供约 5 ms 的时延时间，正好与话音检测所允许的时间相同。

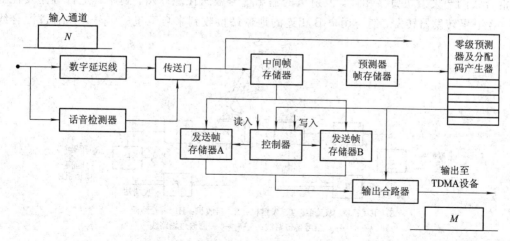

图 3-35　SPEC 发端原理图

零级预测器将预测器帧存储器中所储存的上一次取样时刻通过该通道的那一组编码与刚收到的码组进行比较，并计算出它们的差值。如果差值小于或等于某一个规定值，则认为刚收到的码组是可预测码组，并将其除去；如果差值大于某一个规定值，则认为刚收到的码组是不可预测码组，随后将其送入预测器帧存储器，并代替先前一个码组，作为下次比较时的参考码组，供下次比较所用。

与此同时，又将此码组"写入"发送帧存储器，并在规定时间进行"读操作"。其中的发送帧存储器是双缓冲存储器，一半读出时另一半写入，这样便可以不断地将信码送至输出合路器。

在零级预测器中，各次比较的情况被编成分配码（SAW），如可预测用"0"表示，而不可预测则用"1"表示。这样每一个通道便用 1 bit 标示出来，总共 N 个通道。当 N 个比特送到合路器时，从而构成"分配通道"和"M 个输出通道"的结构，并送入卫星链路。

在接收端，根据所接收到的"分配通道"和"M 个输出通道"的结构，就可恢复出原发端输入的 N 通道的 TDM 帧结构。

在话音预测编码方式中，同样也存在竞争问题，有可能出现本来应发而未发的现象，而接收端却按先前一码组的内容进行读操作，致使信噪比下降。只有当卫星话路数 M 较小时，采用话音预测编码方式时的 DSI 增益才稍大于时分话音内插方式时的 DSI 增益。

与 TASI 不同，SPEC 完全避免了话音剪切现象。但是当激活的话路数超过卫星信道数时，只有那些预测误差相当大的 PCM 样值可以优先传输，而那些较小误差的样值不能被传输。这些不能传输的样值只能用它的前一个样值来代替，结果增加了量化误差。

2. 回波控制技术

如图 3 - 36 所示的是卫星通信线路产生回波干扰的原理图。可见，在与地球站相连接的 PSTN 用户的用户线上采用二线制，即在一对线路上传输两个方向的信号，而地球站与卫星之间的信息接收和发送是由不同的两条线路（上行和下行线路）完成的，故称为四线制。从图中可以清楚地看出，通过一个混合线圈 H，从而实现二线和四线的连接。这样当混合线圈的平衡网络的阻抗 R_A（或 R_B）等于二线网络的输入阻抗 R_1 时，用户 A 便可以通过混合线圈与发射机直接相连。发射机的输出信号被送往地球站，利用其上行链路发往卫星，经卫星转发器转发，使与用户 B 相连的地球站接收到来自卫星的信号，并通过混合线

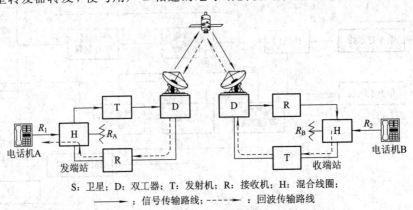

S：卫星；D：双工器；T：发射机；R：接收机；H：混合线圈；
———→：信号传输路线；------：回波传输路线

图 3 - 36　卫星通信线路产生回波干扰的原理图

圈到达用户 B。理想情况下，收、发信号彼此分开。但当 PSTN 电话端的二/四线混合线圈处于不平衡时，例如 A 端 $R_1 \neq R_A$（对于 B 端 $R_2 \neq R_B$），用户 A 通过卫星转发器发送给用户 B 的话音信号中会有一部分泄漏到发送端，再发往卫星进而返回用户 A，这样一个泄漏信号就是回波。

由于卫星系统中，信号传输时延较长，因而卫星终端发出的话音和收到的对方泄漏话音的时延也较长。这除了使得在电话线路中的双方通话时会感到不自然，更重要的是还会出现严重的回波干扰。

为了抑制回波干扰的影响，因而在话音线路中接入一定的电路，这样在不影响话音信号正常传输的条件下，将回波削弱或者抵消。图 3-37 所示的是一个回波抵消器的原理图。它用一个横向滤波器来模拟混合线圈，使其输出与接收到的话音信号的泄漏相抵消，以此防止回波的产生，而且此时对发送与接收通道并没有引入任何附加的损耗。

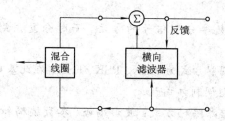

图 3-37　回波抵消器的原理图

如图 3-38 所示的是一种数字式自适应回波抵消器原理图。其工作过程如下。

首先把从对方送来的话音信号 $x(t)$ 经过 A/D 变换成数字信号存储于信号存储器中，然后将存储于信号与传输特性存储器中的存储回波支路的脉冲响应 $h(t)$ 进行卷积积分，从而构成作为抵消用的回波分量。随后再经加法运算从发话信号中扣除，于是便抵消掉了发话中经混合线圈来的回波分量 $z(t)$。

其中自适应控制电路可根据剩余回波分量和由信号存储器送来的信号，自动地确定 $h(t)$。通常这种回波抵消器可使回波被抵消约 30 dB，自适应收敛时间为 250 ms。

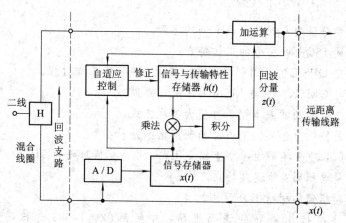

图 3-38　数字式自适应回波抵消原理方框图

由于数字式自适应回波抵消器可以看做是一种数字滤波器，非常适于进行数字处理，因此已被广泛地运用于卫星系统之中。

本 章 小 结

本章着重对微波和卫星系统中使用的调制技术、信源和信道编码技术以及信号处理技术进行详细地介绍。具体内容如下。

(1) 数字微波通信系统中，采用多进制编码的 64QAM、128QAM、256QAM 和 512QAM 调制方式。

(2) 卫星通信系统中，既采用了模拟调制，也采用了数字调制。数字卫星通信的调制方式分成两大类：一是充分利用功率的调制方式，二是充分利用(射频)带宽的调制方式。卫星系统中所使用的调制方式是 PSK、FSK 和以此为基础的其他调制方式。如四相相移键控 (QPSK)、偏置四相相移键控 (OQPSK)和最小移频键控 (MSK)。有些系统也会使用多电平幅度调制 (MQAM)。

(3) 频分复用是指按频率分割信号的方法，而时分复用则是指按时间分割信号的方法。

(4) 三种基本的数字调制方式为 ASK、PSK、FSK，在此基础上引出 QAM、OQPSK、MSK 和 GMSK 几种应用型调制方式。

(5) 编码技术中包括信源编码方式：波形编码、参数编码和混合编码。信道编码方式可分为三类：前向纠错(FEC)、检错重发(ARQ)和混合方式。

(6) 介绍了信道编码中线性分组码、BCH 码与循环码、卷积码的基本原理及纠错能力。

(7) 数字话音内插(DSI)技术包括时分话音内插(TASI) 和话音预测编码(SPEC)两种方式。

(8) 针对回波干扰的影响采用了回波控制技术。

习　　　题

3-1　简述频分复用与时分复用之间的区别。

3-2　请叙述 16QAM 信号的工作特点。

3-3　请画出 QPSK 信号调制与解调方框图，并分析工作过程。

3-4　什么是 GMSK？它与 MSK 的区别在哪里？

3-5　简述差错控制的基本概念和三大实现方式。

3-6　什么是线性分组码？它与分组码的区别是什么？

3-7　写出(7,3)循环码的一个生成多项式，并计算信息码为 010 的循环码组。

3-8　什么是卷积码？简述其特点。

3-9　叙述卷积码的树状图表示法。

3-10　简述维特比译码的译码思路，并判断(2，1，3)卷积码的接收序列为 0110011001010001 时的正确性。

3-11　话音内插技术原理是什么？

3-12　什么叫回波？

第 4 章　通信卫星的发射及轨道

4.1　卫星发射的基本理论

4.1.1　开普勒定律

以地球为中心运动的卫星，其运行规律符合万有引力定律。根据万有引力定律可以推导出揭示卫星运行规律的开普勒定律。下面就简要介绍一下开普勒三定律。

1) 开普勒第一定律(轨道定律)

卫星运动的轨道一般是一个椭圆，一个椭圆有两个焦点，地球的中心位于该椭圆的一个焦点上。

这个定律表明，速度与质量一定的卫星围绕地球运行的轨道是一个椭圆平面(称为开普勒椭圆)，其形状和大小保持不变。在开普勒椭圆上，卫星离地球最近的点称为近地点，卫星离地球最远的点称为远地点。它们在惯性空间的位置是固定不变的。依据该定律，卫星围绕地心运动的轨道方程为

$$r = \frac{a(1 - e^2)}{1 + e\cos\theta} \tag{4-1}$$

式中：r 为卫星到地心的距离；a 为轨道椭圆的长半轴；e 为轨道椭圆的偏心率；θ 为瞬间地心与卫星连线和地心与近地点连线之间的夹角。该公式描述了任意时刻卫星在轨道上相对于近地点的相位偏移量。

2) 开普勒第二定律(面积定律)

单位时间内，卫星与地心连线扫过的面积相等。该定律的数学表达式为

$$Vr\sin\theta = k \tag{4-2}$$

式中：k 为开普勒常量(且不同的天体系统内有不同的开普勒常量)；r 为地球质心与卫星质心间的距离向量；θ 为卫星速度与矢径 r 之间的夹角。

该定律也表明卫星在椭圆轨道上的速度不是固定不变的：在靠近地球的位置运动的快，在靠近远地点的位置则运动的慢。

3) 开普勒第三定律(轨道周期定律)

卫星围绕地球运动 1 圈的周期为 T，其平方与轨道椭圆半长轴 a 的立方之比为一个常数。这一定律的数学表达式为

$$\frac{T^2}{a^3} = \frac{4\pi^2}{GM} \tag{4-3}$$

式中：$G = 6.668462 \times 10^{-20}$ (kg·s^2)，称为万有引力常数；$M = 5.977414 \times 10^{24}$ kg，为地球质量。

4.1.2 宇宙速度

物体作圆周运动时必然会产生惯性的离心力，根据牛顿的万有引力定律，在地面的物体一定会受到地球的引力作用，因此，地面上的物体要围绕地球运动或脱离地球的束缚进入太空进行星际旅行，必然要有最低的速度。宇宙速度就是一个从地球表面向宇宙空间发射人造地球卫星、行星际和恒星际飞行器所需的最低速度，分为第一、第二、第三宇宙速度，如图 4−1 所示。

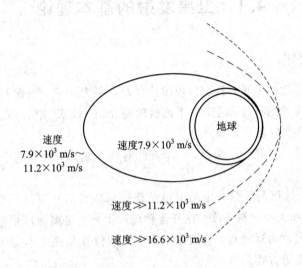

图 4−1　卫星轨道与初始速度的关系

1) 第一宇宙速度

第一宇宙速度就是人造地球卫星环绕地球飞行的最小速度。假定地球和卫星的质量分别为 M 和 m，卫星到地心的距离为 r，卫星运行的速度为 v。根据万有引力定律，有

$$G \frac{mM}{r^2} = m \frac{v^2}{r} \tag{4−4}$$

则

$$v = \sqrt{\frac{GM}{r}} \tag{4−5}$$

由于人造地球卫星靠近地面，可以认为此时的 r 等同于地球半径 R，即

$$v = \sqrt{\frac{GM}{r}} = \sqrt{\frac{6.67 \times 10^{-11} \times 6.0 \times 10^{24}}{6.4 \times 10^6}} = 7.9 \times 10^3 \, (\text{m/s}) \tag{4−6}$$

这就是人造地球卫星在近地轨道上围绕地球做匀速圆周运动所必须具有的速度，称为第一宇宙速度，又称为环绕速度。

2) 第二宇宙速度

若要将一个航天器发射到绕太阳运行的轨道上，成为一个围绕太阳运行的人造天体，假设需要的最小发射速度为 V。根据机械能守恒定律，航天器的动能正好抵消航天器获取的势能时就可以摆脱地球的束缚，而成为围绕太阳的一个人造天体。

$$\frac{mV^2}{2} - \frac{GMm}{r} = 0 \tag{4-7}$$

$$V = \sqrt{2} \times \sqrt{\frac{GM}{r}} = \sqrt{2} \times 7.9 \times 10^3 = 11.2 \times 10^3 \, (\text{m/s}) \tag{4-8}$$

当航天器的运行速度等于或大于 11.2×10^3 m/s 时，航天器将会沿抛物线轨迹摆脱地球的束缚，成为围绕太阳运转的人造天体。这个速度就称为第二宇宙速度，也称为脱离速度。

当航天器的速度大于 7.9×10^3 m/s，而小于 11.2×10^3 m/s 时，航天器绕地球运行的轨道不再是圆形的，而是椭圆形。地球是这个椭圆的一个焦点。

3）第三宇宙速度

若要使一个航天器飞出太阳的引力场，则需要的最小速度约为 16.6×10^3 m/s，这个速度就称为第三宇宙速度。

4.2　卫星发射

4.2.1　运载火箭

卫星的发射离不开运载火箭的使用。运载火箭是利用高能燃料燃烧产生的热气流向后喷射所产生的反作用力发射航天器的。

运载火箭由推进系统、箭体和有效载荷等基本组成部分构成。运载火箭的推进系统主要由火箭发动机构成，火箭发动机可分为化学火箭发动机、核火箭发动机、电火箭发动机和光子火箭发动机等。其中广泛使用的是化学火箭发动机，其原理就是利用推进剂在燃烧室内进行化学反应释放出来的能量转化为推力推动火箭发射。常用的推进剂有固体和液体两种。由于运载火箭主要在大气层外进行飞行，所以还必须携带一定剂量的氧化剂。

火箭技术在人类的飞天梦中一直占有非常重要的地位，早在 12 世纪，我国的南宋时期就有关于火箭的记载，其原理与现在的火箭发射原理是一样的。在 19 世纪针对运载火箭出现了几项重大的技术进步：火药推进剂的配方标准化，使得火箭的制造更加稳定、可靠；燃料容器由纸壳改为金属壳，增加了燃料的燃烧时间；制造出发射台，提高了发射的成功率；发现了自旋导向原理，为航天器的稳定工作奠定了理论基础。20 世纪初，前苏联科学家康斯坦丁·齐奥尔科夫斯基提出了"火箭探索宇宙"的设想，并阐述了火箭飞行和火箭发动机的原理，说明了液体火箭的构造以及多级火箭推动的概念，并推导出计算火箭速度的公式。1926 年 3 月 16 日美国的罗伯特·戈达德将理论与实验相结合，用液态氧和汽油作推进剂，成功地发射了第一枚无控液体推进剂火箭。火箭技术在第二次世界大战中得到了长足的发展，德国为了战争的目的在二战的后期研发了 V-1 和 V-2 火箭。V-2 火箭具备了近代火箭的典型特点。第二次世界大战之后，由于运载火箭技术是一个国家独立从事航天活动的关键技术，火箭技术得到各国的高度重视，并得到高速发展。前苏联和美国分别在 1957 年 8 月和 12 月利用运载火箭分别发射了一枚洲际弹道导弹。

中华人民共和国成立后，非常重视运载火箭技术的研究与使用，在 20 世纪 50 年代就开始了新型火箭的研发，并于 1970 年 4 月 24 日，用"长征"一号成功地发射了我国自主研发的第一颗人造地球卫星"东方红一号"。经过几十年的发展，我国已经研发出了多种型号的"长征"系列运载火箭。长征系列运载火箭具备发射低、中、高不同轨道，不同类型卫星及载人飞船的能力，同时还具备无人深空探测能力。目前，"长征"系列运载火箭低地球轨道运载能力达到 25 吨，太阳同步轨道运载能力达到 15 吨，地球同步转移轨道运载能力达到 14 吨，成功进入国际商务发射领域。

4.2.2　卫星发射窗口

卫星发射窗口是指发射通信卫星比较合适的一个时间范围（即允许卫星发射的时间范围）。由于每颗卫星承担的任务不同，设备使用要求不同，这就对发射窗口提出了种种要求和限制条件，而有些要求有时又互相矛盾，因此卫星的发射窗口是根据航天器本身的要求及外部多种限制条件综合分析计算后确定的。卫星的发射窗口也有大有小，大的以时计，甚至以天计算，小的只有几十秒钟，甚至为零。

影响卫星发射窗口的有以下几个方面。

（1）光照条件的要求：有些发射卫星对光照条件有要求（中轨道气象卫星、地球资源卫星、照相侦查卫星）；此外，卫星上的电源基本采用太阳能电池，这些都导致卫星发射时对发射窗口的光照条件提出了一定的要求。

（2）气象条件的要求：卫星发射开始阶段，其飞行轨迹在大气层内部，会受到风、雨、雷、电的影响，有可能损坏运载火箭和卫星的电子设备或影响卫星飞行的姿态及内部结构。因此在发射窗口的选择上应避开恶劣天气。

（3）地面观测、测量的要求：发射窗口的选择应方便地面观测者在发射的初始阶段对卫星的观测，当卫星进入轨道后，应使地面的跟踪测量设备、卫星和太阳处在一个相对较好的位置，这时对卫星的飞行姿态测量精度的要求比较高。

4.2.3　静止轨道卫星发射

静止轨道卫星目前是卫星通信中应用最多的通信卫星。将一颗静止轨道通信卫星发射到静止轨道上，不仅要有良好的发射技术做保障，同时为了能够最大限度地提高通信卫星的使用效率，还要有精准的空间定位技术。为了节省燃料和成本，静止轨道卫星的发射并不一定直接到位，而是采用多级火箭（通常为三级）推动，通过几次变轨、调整才能实现。

通常静止轨道卫星的发射包括以下几个阶段：

（1）用一、二级运载火箭（或航天飞机）将三级火箭和卫星的组合体送入 200～400 km 的倾斜的圆形轨道，即停泊轨道，进行一段惯性飞行进行姿态调整。

（2）卫星在停泊轨道上经过测试后，在卫星到达停泊轨道与赤道平面的交点（近地点）时第三级火箭点火，使卫星沿飞行方向加速，进入大椭圆轨道（又称为过渡轨道），在这个阶段卫星与三级火箭脱离。过渡轨道与赤道平面的另一个交点就是远地点。

（3）当卫星沿过渡轨道运行到远地点，卫星自带的发动机点火，使卫星进入赤道平面附近的一条圆形、接近同步轨道、但略有漂移的轨道，并在其上运行若干天。

（4）当卫星缓慢漂移到预定位置附近时，利用卫星上携带的小发动机逐步修正卫星轨道，使其逼近静止轨道，使卫星停止漂移，这一轨道微调过程称为轨道控制，这种细致的调整需要几天或更长的时间才能完成。

静止卫星发射过程中的轨道变换如图 4-2 所示。

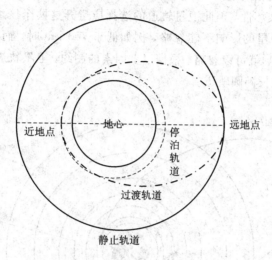

图 4-2　静止卫星发射过程中轨道变换示意图

4.3　通信卫星的轨道

4.3.1　人造卫星的轨道分类

人造卫星按照不同的分类方法有不同的类别。

1. 按轨道的形状分类

人造卫星按轨道的形状可分为圆形轨道和椭圆形轨道。

（1）圆形轨道：卫星轨道的偏心率为 0 或接近 0，轨道的形状为圆形或近似圆形。

（2）椭圆形轨道：卫星轨道的偏心率为 0~1 之间，轨道的形状为椭圆形，地球位于椭圆的一个焦点上。

全球卫星通信系统的通信卫星轨道通常采用圆轨道，可以均匀覆盖南北半球。区域卫星通信系统若覆盖的区域相对于赤道不对称或覆盖区域维度较高，其通信卫星的轨道则适宜采用椭圆轨道。

卫星入轨时速度的大小和方向，决定了卫星轨道有可能是圆形或椭圆形。

2. 按轨道高度分类

以轨道高度划分是以环地球赤道延伸至南、北纬 40°~50° 地区的高能辐射带为界，如图 4-3 所示。在空间上有两个辐射带，是由美国科学家范·艾伦(J. A. Van Allen)于 1958 年通过探险者 1 号的粒子计数器在 1000 km 以上高空发现的强辐射带，称为范·艾伦带

(Van Allen belt)。60 年代正式被命名为磁层。范·艾伦带的辐射强度与时间、地理位置、地磁和太阳活动都有关。其中，高度较低的称为内范·艾伦带，主要包括质子和电子混合物；高度较高的称为外范·艾伦带，主要包含电子。高能粒子的辐射在任何高度均存在，只是强度不同，范·艾伦带是粒子浓度较高、较集中的区域。通常认为，内、外范·艾伦带中的带电粒子浓度分别在离地面 3700 km 和 18 500 km 附近达到最大值。由于高能粒子对电子电路具有很强的破坏性，因此卫星轨道的选择应避开这两个区域。此外，当轨道高度较低时，大气阻力对卫星的影响不能忽略，例如低于 700 km 时。而当卫星轨道高于 1000 km 时，大气阻力的影响就可以忽略。根据以上因素的制约，卫星轨道根据高度可分为低轨道、中轨道、高轨道及长椭圆轨道。

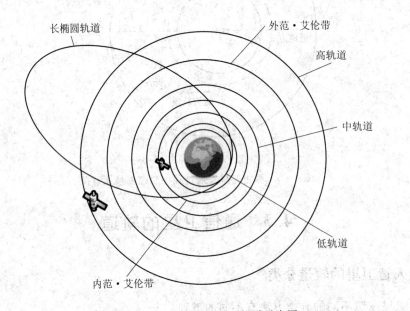

图 4-3 范·艾伦带及卫星轨道示意图

（1）低轨道：通常位于内范·艾伦带之下，轨道高度根据需求设定。较低的轨道高度有利于降低地面卫星通信系统的接收和发射功耗，从而降低移动终端的价格，因此移动卫星通信系统采用的就是这个轨道高度。

（2）中轨道：中轨道的高度在内范·艾伦带之上，一般在 20 000 km 左右，在这个轨道上的卫星系统主要是避开范·艾伦带即可。典型的中轨道卫星系统包括美国的 GPS、中国的北斗系统等。

（3）高轨道：高轨道通常是指地球静止轨道。轨道位于赤道平面，距离地面 35 786 km，是卫星通信中常用的轨道。若轨道与赤道平面有夹角，距离地面的距离仍为 35 786 km，就称为地球同步轨道。

（4）长椭圆轨道：是一种具有较低近地点和极高远地点的椭圆轨道，其远地点高度大于静止轨道的高度。根据开普勒第二定律，其轨道上的卫星对远地点下方的地面区域的覆盖时间可以超过 12 小时，这种特点能够被侦查和通信卫星所利用。这种特性导致具有大倾角的长椭圆轨道卫星可以覆盖地球的极地地区。这是运行在地球同步轨道的卫星无法做到的。

3. 按轨道平面和赤道平面的夹角分类

人造卫星按轨道平面与赤道平面的夹角可分为赤道轨道、倾斜轨道、极地轨道，如图 4－4 所示。

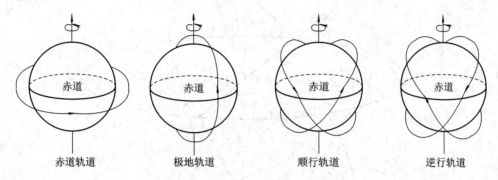

图 4－4　按照卫星轨道与赤道平面的夹角进行轨道分类示意图

（1）赤道轨道：卫星轨道平面与赤道平面夹角为 0°，卫星轨道平面与地球赤道平面重合，卫星始终在赤道上空飞行，这种轨道称为赤道轨道。

在赤道轨道中，有一条特殊的轨道，轨道高度 35 786 km，运行周期与地球自转周期相同，该轨道称为地球静止轨道。在该轨道上运行的卫星沿圆形轨道自西向东运行时，运行周期正好和地球自转一周的时间相同，从地面上看，卫星像是挂在天上一样静止不动，所以叫地球"静止"卫星。由于地球静止轨道高度高，所以卫星能观测到的地面区域广，一颗卫星就能覆盖 40％的地球表面。这种卫星和地面保持相对静止，跟踪简单，使用方便，能够 24 小时连续工作，因此，应用非常广泛。通信、气象、广播、电视、预警等都采用地球静止轨道。

（2）倾斜轨道：轨道倾角既不是 0°也不是 90°的轨道，统称为倾斜轨道。其中倾角大于 0°而小于 90°，卫星自西向东顺着地球自转的方向运行的，称为顺行轨道；倾角大于 90°而小于 180°，卫星自东向西逆着地球自转方向运行的，称为逆行轨道。

（3）极地轨道：是倾角为 90°的轨道，在这条轨道上运行的卫星每圈都要经过地球两极上空，可以俯视整个地球表面。气象卫星、地球资源卫星、侦察卫星常采用此轨道。

4.3.2　卫星轨道的基本参数

定义一个卫星轨道的参数，首先要建立一个以地心为坐标原点的坐标系，X 轴和 Y 轴确定的平面与赤道平面重合，X 轴指向春分点方向，Z 轴与地球的自转轴重合，指向北极。如图 4－5 所示，描述一个卫星轨道通常包含 6 个主要参数，具体如下。

（1）偏心率：偏心率是度量椭圆轨道面扁平程度的参数，如图 4－6 所示。偏心率由下式决定：

$$e = \frac{r_a - r_p}{r_a + r_p} \qquad (4-9)$$

式中：e 为轨道的偏心率；r_a 为地心到远地点的距离；r_p 为地心到近地点的距离。

偏心率越大，椭圆就越"扁平"，$0 < e < 1$，圆轨道的偏心率为 0。

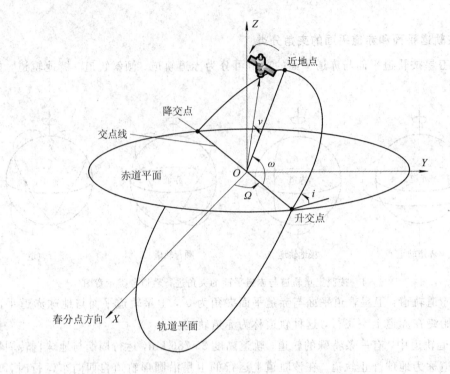

图 4-5　地心坐标系和卫星轨道参数示意图

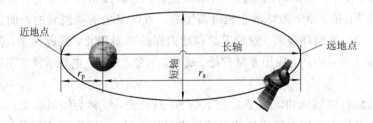

图 4-6　偏心率示意图

（2）半长轴：半长轴是椭圆轨道长轴的一半。

（3）近地点时刻：卫星经过近地点的确切时间，以年、月、日、时、分、秒表示。

（4）升交点赤经：赤道平面内从春分点方向到轨道面交点连线间的角度，按地球自转方向度量。

（5）轨道倾角：是指轨道面与赤道平面的夹角。

（6）近地点幅角：是指顺行轨道上，升交点与近地点之间的夹角。

4.3.3　移动通信卫星的星座系统

理论上在静止轨道卫星上等间隔地部署 3 颗通信卫星就能实现覆盖地球大部分区域，在覆盖区域中实现卫星通信。但由于通信距离远，传输损耗大，固有的传输时延长，限制了移动卫星通信系统的使用。而采用低轨道星座系统可以很好地解决上述问题，因此移动卫星通信系统采用的低轨道星座系统成为目前移动通信卫星所采用的主要方式。

低轨道通信卫星相对地球来说，其位置一直处于变化状态，因此要实现低轨道移动卫星通信的系统一定是有多颗类型和功能相似的卫星分布在相似或互补的轨道上，在共享控制下协同完成一定的通信任务。这些卫星就组成了卫星星座。

星座设计时主要考虑的问题包括以下几个方面：

（1）用户仰角应尽可能大。大仰角对提高移动卫星通信系统的业务是非常重要的。仰角增大，多径和遮蔽问题将得到缓解，通信链路的质量将得到提高。大仰角同时意味着单颗卫星的覆盖面积小，因此仰角的选择并不是越大越好，应在仰角特性和卫星的覆盖区域尺度上进行折中考虑。

（2）信号的传输时延应尽可能低。低时延对实时性要求较高的通信业务（语音、视频会议等）是至关重要的，这也在很大程度上限制了移动卫星通信系统轨道的高度选择。

（3）卫星的有效载荷的能量消耗应尽可能低。这是由于通信卫星在轨道上能够依靠的能源只有太阳能和化学能电池。

（4）如果系统采用星际链路，轨道面内和轨道面间的星际链路干扰必须限制在可以接受的范围内，这对星座轨道的分布间隔提出了一定的要求。

（5）覆盖区的多重覆盖加以考虑。多重覆盖能够有效提升系统的物理抗毁性，支持信号的分集接收，有效地提升应用的服务质量。

根据组成星座的卫星轨道与赤道平面的夹角，移动卫星的星座可以分为：极轨道星座、近极轨道星座、倾斜圆轨道星座。

1）极轨道星座

利用多个卫星数量相同的、具有特定空间间隔关系的极轨道平面，可以构成覆盖全球或极冠地区的极轨道星座系统。利用极轨道星座实现全球单重覆盖的思想最早由美国科学家 R. D. LÜder 提出。D. C. Beste 在 R. D. LÜder 工作的基础上进行了进一步的分析和优化，通过合理安排同一轨道上卫星的间隔以及轨道面间的间距，使得星座所需的卫星总数最小化。D. C. Beste 随后又推导了用于全球单重和三重覆盖极轨道的星座设计的方法。稍后，W. S. Adams 和 L. Rider 给出了另外一种优化极轨道星座设计的方法并被广泛采用。

极轨道星座虽然能够通过较简单的解析方法确定轨道参数，但是通过对极轨道星座的参数进行分析可以知道，由于间隔一个轨道的两个轨道面上的卫星具有相同的相位，因此在轨道面数多于两个的极轨道星座中，将出现星座卫星在轨道交点（南北极点）相互碰撞的情况。为消除星座中卫星的碰撞，同时保持解析方法在确定星座参数时的可用性，近极轨道星座的研究得到快速的发展。

2）近极轨道星座

卫星轨道平面与赤道平面的夹角为 $80°\sim100°$（除 $90°$）时的轨道称为近极轨道。由于各轨道面的倾角不等于 $90°$，因此各轨道的交点不会集中在南北极附近，而是在南北极附近形成多个轨道交点，每个交点由两个相邻轨道面相交而成。这样，只要相邻两个轨道面上的卫星的相位不同，卫星就不会在交点处发生碰撞。

典型系统如铱星系统。该系统星座最初设计由 77 颗 LEO 卫星组成，它与铱元素的 77 个电子围绕原子核运行类似，因此命名为铱星系统。后来，星座修改为 66 颗卫星（计划利用我国长征火箭发射其中的 22 颗），分布在 6 个圆形的、倾角为 $86.4°$ 的近极轨道平面上。轨道间隔 $27°$，轨道高度 780 km。每个轨道面上均匀分布 11 颗卫星，该系统中的每颗卫星提供 48 个点波束，在地面形成 48 个蜂窝小区，在最小仰角 8.2°的情况下，每个小区直径为 600 km，每颗卫星的覆盖区直径约为 4700 km，星座对全球地面形成无缝蜂窝覆盖，如图 4-7 所示。

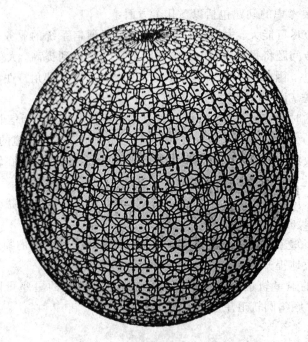

图 4-7　铱星系统点波束对全球的覆盖蜂窝

铱星系统是第一个全球覆盖的低轨道卫星蜂窝系统，支持语音、数据和定位业务。该系统利用星际链路可在不依赖地面中继的情况下支持地面上任何位置用户之间的通信。铱星系统在 20 世纪 80 年代末由 Motorola 推出，20 世纪 90 年代初开始开发，耗资 37 亿美元，并于 1998 年 11 月开始商业运营。由于昂贵的通话费和一般的服务质量加上庞大的系统运行、维护开支，迫使铱星系统于 2000 年 3 月宣布破产。

3) 倾斜圆轨道星座

倾斜圆轨道星座优化一直是移动卫星通信系统的研究重点。英国人 Walker 和美国人 Ballard 的研究结果得到广泛的认同，成为目前最常用的倾斜圆轨道的优化设计方法。Walker 的研究结果指出只需 5 颗卫星就可以实现全球单重覆盖，7 颗卫星就可以实现全球双重覆盖。Ballard 在 Walker 的工作基础上进行了扩充和归纳，得出了通用的优化方法。倾斜圆轨道星座设计时通常考虑多个轨道平面，各轨道平面具有相同的卫星数、轨道高度和倾角，各轨道面内的卫星在轨道面内均匀分布，各轨道面的升交点在参考平面内均匀分布，相邻轨道面内相邻卫星间存在一定的相位差。

典型的系统如全球星(Globalstar)系统。该系统是由美国劳拉空间和通信公司与 Qualcomm 公司提出，在 1996 年 11 月获得美国联邦通信委员会颁发的运营证书。1998 年 5 月第一次发射卫星，到 1999 年 11 月最后一次组网发射，共发射了 48 颗工作卫星。48 颗卫星分布在 8 个倾角为 52°的轨道平面上，轨道高度 1414 km。相邻轨道相邻卫星的相位差 7.5°。在最小仰角 10°的情况下，星座能够连续覆盖南北纬 70°之间的区域，如图 4-8 所示。

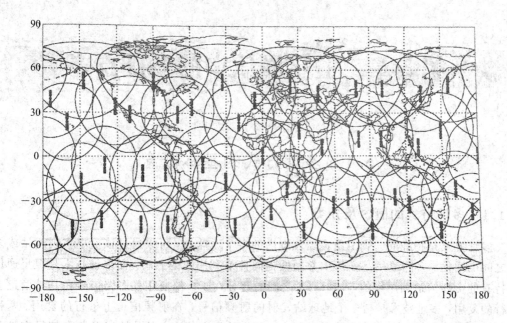

图 4 - 8　Globalstar 系统卫星瞬时的分布和对地覆盖情况

本 章 小 结

（1）根据开普勒三大定律确定了人造地球卫星发射的基本理论以及不同卫星发射的初始宇宙速度。

（2）运载火箭由推进系统、箭体和有效载荷等基本组成部分构成。推进系统常用的推进剂又分固体、液体两种。

（3）卫星发射窗口是指发射通信卫星比较合适的一个时间范围。卫星发射的时间窗口与光照、气象以及地面观测条件有关。

（4）静止轨道卫星的发射过程包含 4 个阶段。

（5）人造地球卫星可根据轨道形状、轨道高度以及轨道平面与赤道平面的夹角进行分类。

（6）人造地球卫星的基本参数包括：偏心率、半长轴、近地点时刻、升交点赤经、轨道倾角、近地点幅角。

（7）低轨道星座系统是目前移动通信卫星所采用的主要方式。

习　　题

4-1　简述静止卫星的发射过程。

4-2　确定卫星轨道的基本参数是什么？

4-3　范·艾伦带对卫星造成的影响有哪些？

第5章　卫星通信中的多址方式

5.1　多址方式的基本概念

5.1.1　多址方式的概念及分类

多址方式是指在同一颗卫星覆盖范围内的多个地球站，可以通过该卫星实现两站或多站之间的通信。多路复用是通信中常用的提高信道利用率的方法，而多址技术是卫星通信中特有的提高信道利用率的方法。两者之间的差异在于多路复用是多路信号在基带信道上进行的复用，多址技术是指多个地球站发射的射频信号，在射频信道上进行的复用。两种技术在通信过程中都包含多个信号的复合、复合信号在信道上的传输以及复合信号在接收端的分离三个过程，如图5-1所示。其中最关键的是如何在接收端从复合信号中提取出所需的信号。多路复用信号在接收端的分离在其他相关课程中均有介绍，在此重点介绍多址技术中信号在接收端的分离。

图5-1　信号的复合与分离

在多址方式中，信号的分离是根据传输信号所需的频率、时间、波形以及空间位置等参量来进行的。根据这些参量可将多址技术分为频分多址（FDMA）、时分多址（TDMA）、码分多址（CDMA）、空分多址（SDMA）。

频分多址（FDMA）：在这种多址方式中，每个地球站发射的射频信号的频率不同，各地球站在自己所拥有的频段中发射信号，信号在卫星中按照频率的高低顺序排列在卫星转发器的频带内。在接收端，各地球站利用带通滤波器从所接收的信号中提取出与自身相关的信号。

时分多址（TDMA）：在这种多址方式中，每个地球站在分配的时隙内发射射频信号，在任意时间点上，只有一个地球站与通信卫星进行沟通，各地球站可采用同一射频载波信号。在接收端，根据识别码取出与本站有关的信号。

码分多址（CDMA）：在这种多址方式中，每个地球站分配一个特殊的地址编码，各地球站的地址编码的码型正交或准正交。每个地球站使用自己的地址编码对发射的信号进行调制，使得各地球站发射的信号可同时占用卫星转发器的全部带宽。在接收端，只有采用与发射信号相匹配的接收机才能接收到与发射地址码相符合的信号。

空分多址（SDMA）：在这种多址方式中，通信卫星使用多副窄波天线指向不同的覆盖区域，利用卫星上的路径选择功能向各自的目的地发射信号。各窄波天线覆盖区域内的地球站发出的信号在时间及空间上互不重叠，可同时使用相同的频率工作。但在实际使用中，要给每个地球站分配一个卫星天线波束很困难，因此 SDMA 通常与其他多址技术结合使用，而不会单独使用。

5.1.2　多址方式中的信道分配技术

多址方式的信道分配技术是指使用信道时的信道分配方法，是卫星通信技术的一个重要组成部分。信道的概念在不同的多址方式中具有不同的含义。在 FDMA 中指的是各地球站占用的转发器的频段，在 TDMA 中指的是各地球站占用的时隙，在 CDMA 中指的是各地球站使用的码组。目前，通常使用的信道分配技术有两种，分别是预分配方式和按需分配方式。

1. 预分配方式

在这种信道分配方式中，卫星信道是预先分配给各地球站的。在使用过程中不再变动的预分配称为固定预分配方式。对应于每日通信业务量的变化而在使用过程中不断改变的预分配称为动态预分配方式。

1）固定预分配方式

在卫星通信系统设计时，按照通信业务量的多少分配信道数目，每个站分到的数量可以不相等，分配后在使用过程中信道的归属一直固定不变；即各地球站只能使用自己的信道，不论业务量大小，线路忙、闲，都不能占用其他站的信道或借出自己的信道。

固定预分配方式的优点是通信线路的建立和控制非常简便，缺点是信道的利用率低。因此这种分配方式只适用于通信业务量大的系统。

2）动态预分配方式

动态预分配方式是指通过对系统内各地球站间的业务量随时间或其他因素在一天内的变动规律进行调查和统计，然后规定通道一天的固定调整方式。这种方式的信道利用率显然要比固定预分配方式要高，但从每个时刻来看，这种方式也属于固定预分配，因此它也适用于大容量线路，在国际通信网中采用的较多。

2. 按需分配方式

按需分配方式是将所有的信道为系统中所有的地球站公用，信道的分配要根据当时的各站通信业务量而临时安排，信道的分配灵活。

这种信道分配方式的优点是信道的利用率大大提高，但缺点是通信线路的控制变得复杂了。通常要在卫星转发器上单独规定一个信道作为专用的公用通信信道，以供各地球站进行申请、分配信道时使用。

常用的按需分配方式有以下几种类型。

1）全可变方式

在这种方式中，发射信道与接收信道可随时地进行申请和分配，可选取卫星转发器的全部可用的信道，使用结束后立即归还，以供其他各地球站申请使用。

2）分群全可变方式

在这种方式中，将系统内业务联系比较密切的地球站分成若干群，卫星转发器的信道也相应分成若干群，各群内的信道采用全可变方式，但群与群之间不能转让信道。群与群之间的连接有几种方法，其中之一是各群中设有一个主站。群内设有群的小区控制器 CSC 供群内各站与主站连接，另外还设有群间的 CSC(公共传输信道)，供各群主站相互连接使用，通过主站的连接把信道分给两个不同群的地球站，以建立这两个站之间的通信连接。

3. 随机分配方式

随机分配方式是指网中各站随机地占用卫星转发器的信道，这种方式通常在卫星通信中的数据交换业务中使用。

以上所讨论的信道分配方式都是在每个地球站各具有一台交换机的条件下进行的，而卫星转发器是没有交换和分配信道的能力的。随着通信业务的增长和利用卫星转发器的技术发展，某些信道分配的功能已移到卫星上。这样的卫星就不再是"透明转发"的了，而是具有交换和信号加工的处理功能了。

5.2 频分多址技术(FDMA)

5.2.1 FDMA 的原理及分类

频分多址(FDMA)是将可以使用的总频段划分为若干占用较小带宽的频道，这些频道在时域上互不重叠，每一个频道就是一个通信信道，可以分配给一个用户使用。频分多址的原理如图 5 - 2 所示。

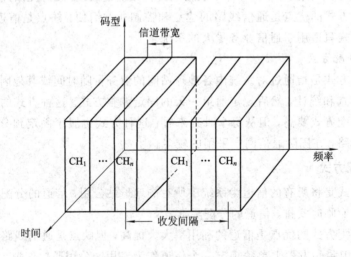

图 5 - 2 频分多址原理图

频分多址(FDMA)方式是卫星通信系统中最简单、普遍采用的多址方式。在用这种方式组成的卫星通信网中，每个地球站向卫星转发器发射一个或多个载波，每个载波具有一定的频带，各载波频带间设置保护频带以防止相邻载波间的干扰。具体的示意图如图 5 - 3 所示。

图中 f_1、f_2、f_3 是各地球站发射的载波频率，在卫星转发器中按频率高低排列，经频率变换转换为相应的下行频率发往各地球站，各地球站根据载波频率的不同识别来自不同地球站的信号。

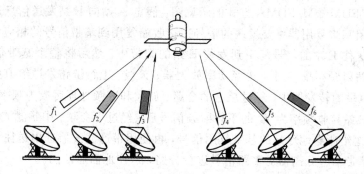

图 5-3　频分多址方式示意图

在 FDMA 中，各地球站之间的载波连接方式不同，有两种连接方式：单址载波和多址载波。

（1）单址载波是指每个地球站向其他各地球站分别发射一个不同的载波，如果有 n 个地球站，则每个地球站向卫星发射的载波数目为 $n-1$ 个，n 个地球站同时向卫星发射的载波数目将为 $n(n-1)$ 个。这样当地球站数目较多的时候，会造成卫星系统的交调干扰非常严重，因此，该方式只适用于地球站数目较少的情况下。

（2）多址载波是指将一个地球站发送给其他各站的信号采用多路复用的方式形成基带上的多路信号，再调制到一个射频载波上发射出去。其他地球站接收时经解调后用带通滤波器取出与本站相关的信号。这样每个地球站只发射一个载波。

地球站传送多路信号有两种不同的方式：单路单载波（SCPC）和多路单载波（MCPC）。

（1）单路单载波（SCPC）是指在 FDMA 中每个载波只传送一路话音或数据，可根据通信要求为每个通信方向分配若干个信道。这种技术与话音激活技术结合使用可有效地提高卫星转发器的效率。

（2）多路单载波（MCPC）是指在 FDMA 中为多个话路分配一个载波。其工作原理与多址载波方式相同。

频分多址方式根据多路复用以及调制方式的不同，可分为以下几种方式：

（1）FDM/FM/FDMA 方式

这种方式是先把要传送的电话信号进行频分多路复用处理，即 FDM；再对载波进行调频，即 FM；然后按照载波频率的不同来区分为是哪个地球站址，即 FDMA。

（2）SCPC/FDMA 方式

SCPC 方式的含义是每一个话路使用一个载波。这种多址方式中的调制方法可以是 PCM/PSK 的，或增量调制（ΔM）/PSK 的，也可以是比较简单的 FM 的。

SCPC 多址方式是预分配的，如果采用按需分配时，就叫做 SPADE 方式。

5.2.2　FDM/FM/FDMA 方式

在这种方式中，地球站采用频分复用的方法将多路信号在基带信道上进行复用，然后将复用后的信号采用调频的方法调制到指定的射频频率上，系统中的各个地球站采用频分多址技术进行连接。为减小 FDMA 系统中的交调干扰，通常在该系统中采用多址载波方式。

图 5-4 为 FDM/FM/FDMA 方式的示意图。假定 A 站向 E 站发送信息进行频分多址通信，则 A 站用基带复用器将要发送的信号按接收站复用到基带信号的相应频带中，如图所示，将 A 站送往 E 站的信号复用到发往 E 站的频带中，然后将整个基带信号进行上变频，调制到 A 站射频频率 f_A 上，再经功率放大器、天线、上行链路发送给卫星转发器的接收机。在通信卫星的转发器中，经过星上的合路、放大和变频处理后成为频率为 f_A' 的下行射频信号。当 E 站接收频率为 f_A' 的下行射频信号后，经过下变频、中频滤波和解调后，就得到了 A 站发送给所有地球站的基带复用信号，再使用带通滤波器选出送往本站的基带信号，最后使用基带信号分离器对多路信号进行分路，送往地面通信网。

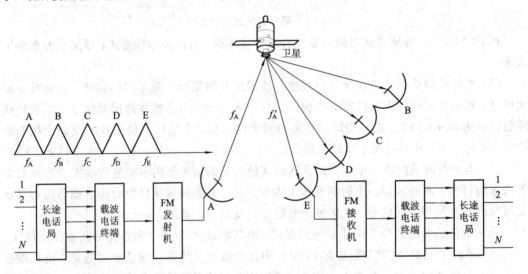

图 5-4　FDM/FM/FDMA 方式的示意图

5.2.3　SCPC 方式

FDM/FM/FDMA 方式载波数目不能过多，为提高通信效率，该方式通常应用于通信业务量较大的地球站。如果地球站的通信量较小，就经常会产生空闲的时间。而且不通话的空闲时间仍要发射射频载波，从而浪费通信卫星上的有限功率。

为了解决这一问题，提出了 SCPC 方式。它的特点是每个载波只传输一路电话，或者相当于一路电话的数据或电报，同时可以采用"话音开关"，即"话音激活"技术。这种技术是指有话音时才发射载波，没有话音时关闭所用的载波，从而节省卫星功率。根据对大量通信系统的统计研究表明，同一时间只有 25%~40% 的话路处于工作状态，即每话路只有 25%~40% 的工作概率。因此，采用"话音激活"技术可使转发器容量提高 2.5~4 倍，进而增加卫星的通信容量。此外在该方式中，由于载波时通时断，转发器内载波排列具有某种随机性，可减小交调干扰。因此，SCPC 方式非常适用于通信地球站站址数较多，但各地球站的通信容量较小，总通信业务量又不太繁忙的卫星系统。

根据基带体制和对载波调制方式的不同，SCPC 可分为模拟制式和数字制式两种。按照信道分配方式可分为预分配方式和按需分配方式。

1. 预分配方式的 SCPC

在预分配方式的 SCPC 系统中，信道固定分配给各个地球站。通信双方地球站通一路话时，各占用一条卫星信道。SCPC 系统的频率配置如图 5-5 所示。由于一路数字话音信号是 64 kb/s，因此可将一个卫星转发器上 36 MHz 带宽等间隔地划分为 800 个载波信道。以导频为界，高低频段各设置 400 条信道，信道间隔为 45 kHz。第 400 和 401 信道留空，于是，导频与相邻左右两信道之间的间隔为 67.5kHz，以保护导频不受干扰。基准导频用作各站自动频率控制（AFC）的基准，确保各地球站对导频的接收和提取。但是，对于发射站的频率变动，不能使用 AFC 进行补偿，只能严格限制在 ±250 Hz 以内，使其影响可以忽略不计。由卫星运动所引起的多普勒频移的量级最大是 2×10^{-8}，由此产生的特性恶化可以忽略不计。

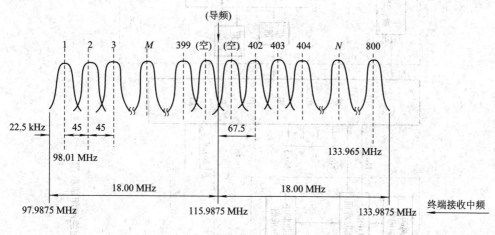

图 5-5　预分配 SCPC 方式的频率配置

各地球站设置的 SCPC 终端设备的组成图，如图 5-6 所示。图中的地面接口单元完成 SCPC 系统与地面通信系统的连接。信道单元是为每个话音信号或数据信号而准备的。不过用于语音信号和用于数据信号的分单元部分是不同的，话音信号单元是用来完成通信信号的编码、调制的设备。

公用单元由发射分单元和接收分单元组成。发射分单元将来自信道单元的信号上变频为 70 MHz 中频，而接收分单元则把卫星转发来的下行频率的信号变成 70 MHz 中频，并将它们分别送往相应的信道单元，同时进行自动频率控制（AFC）和自动增益控制（AGC）。

如图 5-6 所示在 SCPC 系统中，话音信号的传输根据奈奎斯特定律按 8 kHz 进行取样，量化时采用 A 律 13 折线压扩特性，7 bit PCM 编码。这样构成的 PCM 信源编码速率为 56 kb/s，然后每 224 b 前插入一个 32 b 的消息头（SOM），从而构成传输速率为 64 kb/s 的 PCM 编码。在 SCPC 系统中利用话音传送时的不连续或间歇的这一性质，在信道单元内设置"话音检测器"，它有一个话音电平的低端阈值，当输入话音超过这个阈值时（如 PCM 编码信号的 4 个连续样值超过阈值（-24 dBm 或 -28 dBm））就发载波，称为话音激活，从而使卫星转发器中同时存在的有效载波数减少，并相应地减少了交调干扰，进而提高了卫星功率的利用。由于话音激活和不断形成载波的通/断（即脉冲性）发射，为了在接收端能对这种不连续波进行相干检波，应在各分帧的前端字头内，设计载波和位定时恢复码。当采用绝对 QPSK 调制方式时，为了克服相干检波存在的载波相位模扣，必须在接收端确定相干检波所需要的基准相干载波相位。SOM 既可以确定帧同步，同时根据接收到的 SOM 的模式也能消除相干载波的相位模糊。

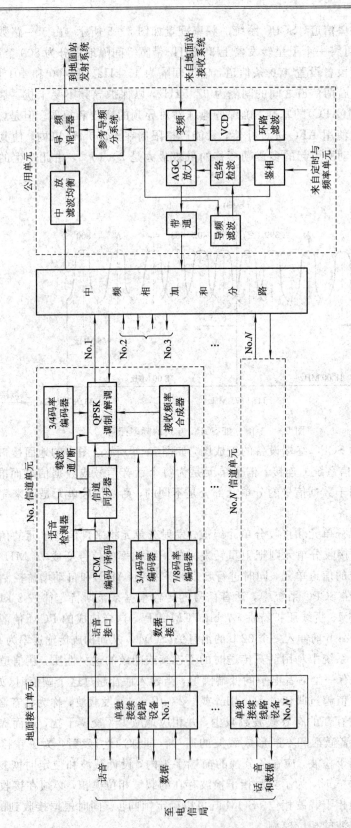

图5-6 SCPC地面终端组成框图

数据信号的传输是以连续发送方式进行的，因此不需要为恢复载波和位定时而附加字头，但是为正确恢复载波和位定时，消除所传输信号中出现的长连"1"或长连"0"模式，可以对传输码进行扰码。扰码后的数据再进行纠错编码，对 48 kb/s 或 50 kb/s 的输入数据信号几乎均采用 3/4 的卷积编码，按这种编码可以纠正 80 个连续比特中的两个误码。对于速率为 56 kb/s 的数字信号，均采用 7/8 的卷积编码，它可以纠正 384 个连续码位中的两个错误。

在数据传输中，由于未插入消息头 SOM，所以在消除帧同步和基准载波相位模糊时，得参考纠错译码时所得到的伴随式。即以伴随式计数器检测的比特错误率不能超过某个规定值为原则来修正同步状态和相位。

2. 按需分配的 SCPC(SPADE)

采用 SCPC 方式的卫星系统中通信地球站的通信容量一般较小，站址数较多，总通信业务量又不太繁忙，因此采用预分配方式的 SCPC 系统中，不能充分体现其优越性。采用按需分配方式更适用于 SCPC 系统。SPADE 方式就是一种按需分配 SCPC 方式，即SCPC/PCM/DA/FDMA 方式。

SPADE 与预分配方式 SCPC 在话音编译码方式、调制方式、话音激活技术、为恢复载波和位定时而附加的字头和消息头等相同，特点在于采用了卫星线路的按需分配技术，即当电话线路上有通信呼叫请求时，才沟通星-地线路，构成一个通信信道。由于采用按需分配，所以在频率配置、地面终端设备以及工作过程等方面与预分配方式的 SCPC 不同。

为了实现按需分配，在 SPADE 系统中，通常将一个转发器的部分频率配置为公用信令信道(CSC)。其他频段配置为通信信道。具体的频率配置如图 5-7 所示。

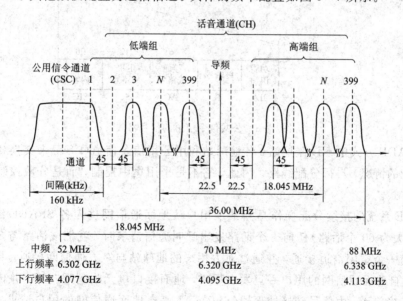

图 5-7　SPADE 方式的频率配置

对于卫星转发器 36 MHz 带宽的频率分配，SPADE 方式基本上和预分配方式 SCPC 方式的频率分配方案一样，只是在频率低端留有 160 kHz 带宽提供给 CSC。这样信道 1 和 2 将不能使用。因此可提供给用户使用的双向信道数目为 397 条。

CSC 按 TDMA 方式工作,采用 128 kb/s 的二相差分 PSK(即 2DPSK)载波调制,由基准站所指定的站发出。CSC 信道采用 50ms 为一帧,分为 50 个等间隔的分帧,第一个分帧,即基准分帧(RB),供帧同步用;第二个分帧供测试用,其余 48 个分帧供多址连接用,如图 5-8 所示。各站在分配给本站的时隙内以分帧形式送出这个载波,由所有地球站接收。这样 SPADE 系统可以为 48 个地球站提供 397 条双向通路,每个地址每隔 50 ms 可以向信道申请一次。为了减少这种仍属于频分多址的 SPADE 系统的交调干扰,也采用了话音控制载波技术,从而使卫星转发器中同时存在的有效载波数减少。根据话音功率检测器检测的结果,可获得 4 dB 平均功率。因为在忙时任一瞬间,话音信道只有 40% 的话音机会,相当于在该系统 800 个载波中,同时在卫星转发器内进行放大的约为 320 个载波,于是,可使最坏的交调干扰减少 3 dB。

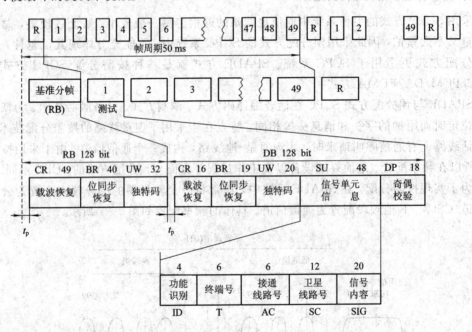

图 5-8 公共信令信道的信号格式

在 SPADE 方式中不设监控站,各地球站利用公用信令信道(CSC)来交换各站之间关于信道分配的情况,自行分配线路。因此,它不是采用集中控制,而是分散控制的全可变按需分配方式。

SPADE 系统的接续分配操作是当某个用户从地面通信网进入各 SPADE 终端,向它所属的(最大为 60 个话路)任何一个话路发出呼叫通信请求时,就把该话路与 397 个卫星线路中任何一个空闲信道接通,并通过对方用户的地球站与对方通信网接通。具体工作过程如下:来自地面通信网的用户一旦发出呼叫,地面接口单元收到呼叫后,并传给按需分配信号和转接单元,由信号转接处理器(SSP)记下来自地面通信网的用户请求。卫星线路的使用情况全部记录在 SSP 存储器中,因此,根据线路使用状况和现在的申请,SSP 就会编出包括空闲信道号码和通信对方 SPADE 终端号码在内的一系列分配码,并通过 CSC 发出。该起呼站的信息会被所有 SPADE 站接收,各站同时更新 SSP 的频率忙闲表。申请被认可后,就控制和起呼地面线路相连接的信道单元的频率合成器,使其与被分配的卫星线路频率一致。因为卫星线路信号的单程传播需要 250 ms，为了避免双重捕捉，这个时刻起呼站也应和其他站一样要确认尚未捕捉到的卫星线路。另一方面，在被呼叫站，同样在确认没有双重捕捉以后，选出尚未使用的一个信道单元，使其频率与 CSC 所通知的卫星线路频率取得一致。进而控制地球站接口单元(TIU)，通过地面线路把传呼信息送给收端地面通信网，同时通过卫星线路送出导通测试子帧信号，这个测试信号一旦从起呼站重新发回，被呼站便立即通过 CSC 送出接通(OK)信号。接通一旦被确认，起呼站和被呼站就都把各自的信道单元与地面线路接通，使之处于正常通信状态，从而在起呼和被呼长话局之间建立起通信线路。

通信一旦结束，就通过 CSC 信道送出话音终止信号。当系统内全部 SPADE 站收到这个终止信号后，就更新 SSP 存储器的内容，撤销通话时建立的线路，使这条卫星线路空出。留作再分配用。

以上通信建立过程的信令交换全过程，如图 5 - 9 所示。

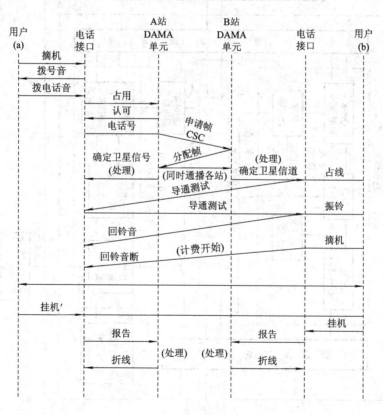

图 5 - 9　建立通信的信令交换全过程

图 5 - 10 是 SPADE 方式的地面终端设备组成，它只需对 SCPC 方式的终端设备稍加修改并加入按需分配的信号和转换装置即可。图中的地面接口单元(TIU)和信道单元与图 5 - 6 相同。这里只对按需分配的信号和转换设备作一简单介绍。该装置对系统各地球站线路之间的控制信号进行处理和监视并对本站终端设备的工作情况进行监视。即接收连通接口单元与信道单元所需的信号，向信道单元传送"开始工作"及分配"收、发频率"的指令信号，掌握卫星通信线路和本机使用情况，并可记录打印等。它具体包括信号和转换处理器

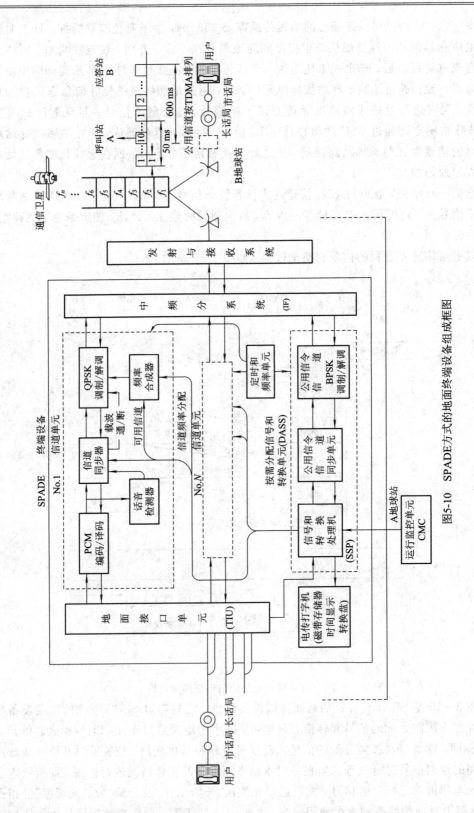

图5-10 SPADE方式的地面终端设备组成框图

（SSP）、电传打字机（磁带存储器、时间显示器和转换盘等）、公用信令信道的同步单元和调制/解调器等。其中同步单元的作用是受信号和转换处理器的控制，通过卫星的公用信令信道，来发射申请线路信号和接收其他地球站的应答信号及线路使用的终止信号等。由于这些发、收的信号是按时分方式工作的，所以要有同步脉冲协调。其调制部分靠公用信令信道同步器输出的脉冲序列，将定时和频率合成器输出的载波调制成 2PSK 信号，并把它送入中频分系统。它的解调部分对由中频分系统输出的公用信令信道载波进行解调，并把数据和信息定时信号送入公用信令信道同步器。

5.3　时分多址技术（TDMA）

在 FDMA 系统中，由于信道的划分是以频率为依据的，因此不可避免地会产生交调干扰，SCPC 系统可以减小交调干扰的影响，但不能完全消除这种干扰。采用 TDMA 方式就可完全消除交调干扰，但同时会引入系统定时与同步方面的问题。

5.3.1　TDMA 的基本原理及工作过程

时分多址（TDMA）方式分配给各地球站的不是特定的频带，而是一个指定的时隙。工作原理如图 5 - 11 所示。

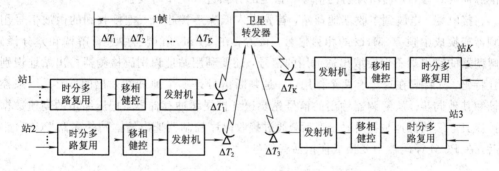

图 5 - 11　时分多址系统工作原理框图

每个地球站都只在分配给自己的时隙内用同一载波频率向卫星发射信号，而不同时隙进入卫星转发器的信号，按时间顺序排列起来，整个系统的所有地球站时隙在卫星内占有的整个时段，称为卫星的一个（TDMA）时帧。为使时隙的排列既紧凑、又不重叠，TDMA 系统应建立精准的时钟同步系统。卫星转发器将时帧放大后，重新发回地面。覆盖在卫星波束中的每个地球站都能接收到由转发器转发来的全部射频脉冲（或突发）信号，并从中提取出各站所需的业务脉冲列。

下面以话音信号的传输来简要说明 TDMA 系统的工作过程，如图 5 - 12 所示。

在发送端，由地面通信系统传送来的多路话音信号送入地面终端设备与用户的接口部分的相应入口。对于多路话音信号则对各路话音分别进行 A/D 变换，变换成脉冲编码调制信号（PCM）后再进行时分多路复用（TDM）。由于各地球站发射信号是在指定的时隙发射，因此多路复用后的信号要储存到时分多址控制装置里变换成高速数据，并与站址识别码也叫做独特码（UW）或报头合在一起送往调制器。站址识别码用来标明合在一起的多路复用电话信号是哪个地球站发出的。送到调制器的信号对 70 MHz 中频载波进行四相相移键

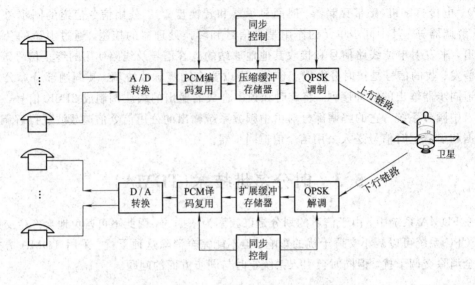

图 5 - 12 TDMA 系统工作过程示意图

控，调制成中频差分四相 PSK 信号。发射机的上变频器把中频已调相信号变换成射频载波的微波信号，最后经过微波功率放大器放大到足够电平，由天线发射到卫星。发射时要以基准脉冲为基准，并使所发射的信号在指定的分帧进入卫星转发器。

在接收端，电波到了收端地球站，首先进入低噪声接收机，把接收到的微波信号用下变频器变换成中频 70 MHz 的相移信号。接着，在 QPSK 解调器中进行解调和差分译码。从解调器的输出端不但要取出通信用的信号，还要利用站址识别码检测器检出站址识别码即独特码。独特码在这里有两个作用：一是判断信号是哪个地球站发出的；二是用来控制分帧和其他同步。从解调器输出的信号先要送到扩展缓冲存储器，把压缩了的高速数据脉冲扩展成连续的低速数据脉冲。然后，通过接收时序控制器选出给本站的多路 PCM 信号。最后，在 PCM 译码器中变换成模拟话音信号。

5.3.2 TDMA 系统的帧结构及帧效率

在 TDMA 系统中，所有地球站时隙在卫星转发器内占有的整个时段，称为卫星的一个(TDMA)时帧。时帧周期的选择将对 TDMA 系统的帧效率产生影响。因此在进行时帧周期选择时应从以下几个方面考虑：

（1）为了保证每帧中的码位为整数，帧周期必须选用 A/D 变换中抽样频率 8 kHz，即 125 μs 的整数倍。

（2）报头时间不变时，帧周期越长则帧效率就越高。

（3）帧周期加长时会使帧与帧之间载波的相干性降低。当采用相干法恢复载波时，会在解调后引入附加的相位噪声。

（4）帧周期加长时，帧效率提高，但存储器的容量要增加很多，终端设备变得复杂，所以帧周期不能增大太多。

根据以上 4 方面综合考虑的结果，TDMA 系统的帧周期一般取为 125 μs。现在国际上也有选用 750 μs 的系统。

1. TDMA 系统的帧结构

一个 TDMA 时帧包含两种分帧：基准分帧和数据分帧。基准分帧是为系统中其他分帧定时与同步提供时间基准的分帧，由系统指定的基准站或卫星发出。数据分帧用来传送用户的通信信息，由系统中进行通信的地球站产生。

如图 5-13 所示，各地球站发射的脉冲式射频信号在卫星转发器中按时序排列的一个周期，构成一个 TDMA 时帧。在图 5-13(a) 中的 1、2、⋯、N 表示数据分帧。图 5-13(b) 表示同步分帧的结构，图 5-13(c) 表示数据分帧的结构，分为报头（也称前置码）时间和信息时间两部分。图 5-13(d) 为数据分帧报头的结构，包括保护时间、载波恢复和位定时恢复时间、独特码、站址识别以及控制和勤务指令 5 部分。它们的作用如下所述：

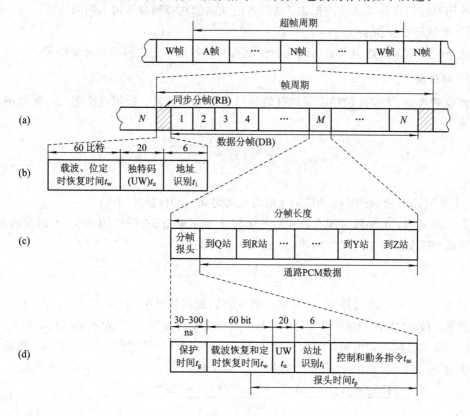

图 5-13　TDMA 系统的帧结构

1) 保护时间 (t_g)

保护时间是用来保证各相邻分帧不互相重叠而设置的。为提高帧效率，保护时间应尽量短些。对全网定时的高比特速率系统来说，保护时间取 30～300 ns。

2) 载波恢复和位定时恢复时间 (t_w)

该部分时间是用来恢复出用于相干解调的相干载波和位定时信号所需的时间。其长度取决于输入信号的载噪比以及载波频率的不稳定所要求的捕捉范围。在数据脉冲速率为 60Mb/s 的系统里，载波恢复和位定时恢复序列的长度为 60 bit。对载波恢复和位定时恢复序列的要求是恢复速度快、可靠性好。

3）独特码时间（t_u）

独特码在基准分帧和数据分帧中的作用不尽相同。在基准分帧中，独特码的作用是提供帧定时，使各业务地球站能够确定自己的业务分帧在一帧中的位置。在业务分帧中，独特码标识业务分帧出现的时间，并提供接收分帧定时信息，使接收地球站在检测出独特码提供的示位脉冲之后，就可以判断该发射地球站分帧的起始时间基准。独特码在同步字时间后面约占 20 bit，对独特码的要求主要是漏检和误检的概率要小。

4）站址识别码时间（t_i）

站址识别码用来表示是哪个地球站的标志。不同的地球站采用不同的编码。站址识别码紧接在独特码之后，约为 6 bit，因此系统中可容纳的地球站的数目为 $2^6 = 64$ 个。有的系统直接用独特码作各地球站的标志，这时各地球站的独特码应采用不同的码型。

5）控制和勤务指令（t_{as}）

这个时间用来传送卫星通信线路的分配指令和各地球站之间的勤务联络等。

2. 帧效率

帧效率就是 TDMA 的帧时间被有效利用的时间百分数。根据这个定义，帧效率可以表示为

$$\eta_f = \frac{\tau_f - \left[\tau_r + \sum_{i=1}^{N} t_{pgi}\right]}{\tau_f} \qquad (5-1)$$

式中：τ_r 为同步分帧时间；t_{pgi} 为第 i 分帧的报头时间 t_p 和保护时间 t_g。

由上式可知，影响帧时间有效利用的关键是要缩短报头时间。如果 t_{pg} 不能做的很小，帧效率就会降低。对于均匀性帧结构，式（5-1）可简化为

$$\eta_f = \frac{\tau_f - \left[\tau_r + N(t_p + t_g)\right]}{\tau_f} \qquad (5-2)$$

在不减小 τ_r、t_p 和 t_g 的前提下，增加帧长度 τ_f 可以提高帧效率。

举例，设 TDMA 的帧长为 15 ms，网中有两个基准站和 10 个业务站，共发射 20 个业务分帧，基准分帧占用的报头时间 $\tau_r = 16.51\ \mu s$，分帧间保护时间 $t_g = 0.71\ \mu s$，系统的突发速率为 60 Mb/s，每个业务分帧的报头占 934 bit（相当于 $t_p = 10.37\ \mu s$），故求得

$$\eta_f = \frac{15\ 000 - \left[2 \times 16.51 + 20 \times 10.37 + 22 \times 0.71\right]}{15\ 000} = 98.29\% \qquad (5-3)$$

实际效率可能低于这个数值，这是因为各业务站要传输的数据信息很难正好填满整个时帧的有用时隙。

最后还应指出，用增加帧长 τ_f 来提高帧效率，不应使话音业务的传输引入明显的时延，必须使 τ_f 远远小于最大往返传输时延（大约 0.25 s（5°仰角）。业务站为了存储每帧内连续输入的数据比特，所需的压缩与扩展缓冲存储量不应增加很多，否则将增加终端设备的复杂性。对输入数据比特率为 R_{di}，而帧长为 τ_f 的 N 路输入比特流来说，要求的总容量为

$$M = \sum_{i=1}^{N} R_{di} \tau_f \qquad (5-4)$$

这说明存储容量与 τ_f 成正比。当 τ_f 太长时，虽然帧效率提高了，但存储器容量则要增加很多，因而会增加终端设备的复杂性和费用，同时同步也不容易保证。这是对 τ_f 增大的

又一限制。

5.3.3 TDMA 地面终端设备的功能及组成

1) TDMA 地面终端设备的功能

TDMA 地面终端设备具备以下五点功能。

(1) 以分帧的形式收、发信息数据。

能把地面通信系统中各种数字信号进行多路复用、变速，能对基带信号进行信道编码、调制，并能把地址信息和各种同步信息同时发送出去。

(2) 实现系统同步。

这一功能包括三个方面，首先 TDMA 系统要求进入通信网的地球站必须保证所发射的射频脉冲序列分帧能正确地进入卫星转发器的指定时隙，这就是完成初始捕捉。其次如果发生短时间信息传输中断，使分帧偏离了指定的时隙，地面终端应该能进行快速重新捕捉，使分帧又回到指定的时隙。捕捉进入锁定状态后，应能使分帧之间维持正确的时间关系，实现系统同步。

(3) 接收和处理分帧信号，并传送给各地面接口。

接收到信号的地球站，应能迅速区别所收的分帧信号是哪个站发出的，并能很快地分离出分帧信号中发给本站的信号，能迅速地进行站址识别、载波恢复、位同步提取、解调、译码和多路分离等功能。

(4) 完成卫星线路的分配与控制。

如果是预分配方式，地面终端就不需要有分配线路的功能。对于按需分配的 TDMA 方式的地面终端应具有对卫星线路的分配功能。

(5) 线路质量的监视与备用设备的转换功能。

2) TDMA 地面终端设备的组成

TDMA 地面终端设备包括地面接口设备、TDMA 终端设备和信道终端设备，如图 5 - 14 所示。

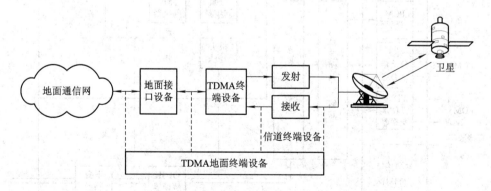

图 5 - 14　TDMA 地面终端设备组成示意图

(1) 地面接口设备。

地面接口设备是地面通信网与 TDMA 终端之间的接口，根据地面通信网采用的信号，地面接口设备主要分为两种：模拟地面接口和数字地面接口。

模拟地面接口用于地面通信网中采用的频分复用的信号到 TDMA 系统使用的时分复

用信号的转换。这种接口中可采用 TDMA 系统中的时钟对频分复用信号进行抽样、量化和编码，这样产生的数字信号在卫星线路中传输不存在时钟不同步的问题。此外，随着技术的发展，地面通信网中越来越多地采用数字信号，因此这种接口的使用范围越来越少，在此就不做过多的介绍。

数字地面接口是地面数字通信网与 TDMA 终端的接口。接口两端的时钟虽然具有相同的标称频率和精度，但由于振荡器的频率误差和卫星运动造成的多普勒频移，TDMA 系统与地面数字通信网通常采用准同步的方式进行连接。为了消除这种时钟频差，在数字地面接口中设置缓冲器和帧定位器，当缓冲器中的存储量低于某个门限值或高于某个门限值时，帧定位器以整帧滑动。具体的方法在第 6 章有详细的介绍。

（2）TDMA 终端设备。

TDMA 终端设备由四部分构成，如图 5 - 15 所示，包括发射部分、控制部分、接收部分以及监视与维护装置。

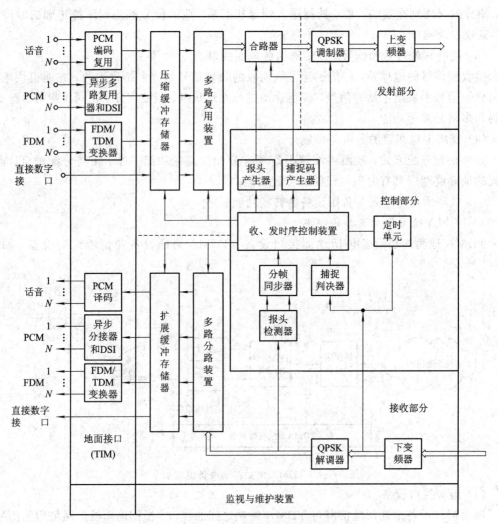

图 5 - 15　TDMA 终端组成框图

发射与接收部分完成信号以分帧形式的发送与接收。在发射部分将地面通信网送来的经过多路复用后的速率较低的连续比特流经压缩缓冲存储器(容量为一帧)的压缩变成发往卫星的高速数据流,再经过纠错编码及扰码处理,在 TDMA 定时单元的控制下,在规定时间段由合路器将报头加入,构成一个完整的 TDMA 分帧。随后对中频(70 MHz)载波进行 QPSK 调制,再由上变频器进行变频、放大,向卫星发射。

在接收端,来自卫星转发器的 TDMA 射频分帧信号由于线路衰减等原因信号已经相当微弱,因此首先需要经过低噪声功率放大器的放大,然后经过下变频器将信号变换为中频(70 MHz)的相应信号,再利用 QPSK 解调器进行解调,恢复出完整的 TDMA 帧信号,在取出基带信号中的数据分帧信号的同时将报头送至报头检测器,在报头检测器中分析分帧报头中的独特码,以此判断出该分帧信号是由哪个地球站发送给本站的。在定时单元和收、发时序控制装置的控制下,取出相应的分帧数字信号经多路分路装置后送入扩展缓冲存储器,在收时序控制器的控制下将压缩的高速数据流扩展成与某时隙相对应的一帧连续的低速数据,送往地面接口单元。

控制部分完成系统的同步与信道分配功能。系统同步包括帧和分帧同步以及载波和位定时恢复等。信道分配的方式一般采用变帧方式,根据各用户的业务量来分配或调整分帧。信道分配的控制方式可采用主站控制方式,也可采用分散控制方式,相关内容已在前面做过介绍。

控制部分以及监视与维护装置完成线路质量的监视和备用设备的转换。

(3) 信道终端设备。

该部分设备主要是完成射频信号的传送和发射,详细内容在前面的章节中已介绍,在此不再赘述。

5.3.4　TDMA 系统的定时与同步

在 TDMA 系统中,必须要有严格同步的定时系统,否则 TDMA 方式就会混乱而无法工作,而且还必须要有良好的同步精确度,否则就不能保证 TDMA 系统具有较高的效率。由于在 TDMA 系统中,是用时间来分割信号的,所以系统中的各地球站就要有一个统一的时间标准。实际使用中,采用绝对的时间标准是难以做到的,而采用相对的时间标准则较易实现。所谓相对的时间标准就是指规定一个基准时钟,系统中的所有地球站都以这个基准时钟来进行工作。下面分系统的定时和系统的同步两个问题来讨论。

1. 系统定时及同步的目的

系统的定时是指使系统的时间有一个统一的标准。

为了说明系统内的地球站与卫星的定时关系,假设地球站的时钟与卫星的时钟是同步的,而地球站与卫星之间的距离即站星距 d 是固定的。如果以卫星的时间为标准,考虑了路径的时延,地球站的时钟脉冲序列 $\tau_i(t)$ 只要比卫星时钟脉冲序列 $\tau(t)$ 提前 $\Delta\tau$ 秒向卫星发送信号就可以了,$\Delta\tau$ 的表达式为

$$\Delta\tau = \tau(t) - \tau_i(t) = \frac{d}{c}$$

$$(5-5)$$

式中 c 为光速。

但站星距 d 会受摄动等因素的影响随时间而变化，因此地球站发射的信号到达卫星的时间不是固定值，是时间的函数。这样一来如果 TDMA 系统的每个时帧包含 m 个整数码元，当地球站发送到卫星的时帧周期固定不变时，用户输入数据的平均速率应为定值。现在，由于实际的地球站发送到卫星的时帧周期因发、收传播路径时延变化而变化，于是实际发送到卫星的平均比特速率也就随时间而发生变化。在通信过程中，必须调整两速率之间的差别，否则会造成信息丢失而影响通信质量。

另外，由于地球站的发射时钟是与卫星时钟同步的，地球站的接收时钟也要和卫星所产生的时钟脉冲同步，而传播路径又是随时间变化的，于是收、发时钟会在频率、相位上不一致。这也是系统定时中必须解决的问题。

2. 系统的定时方法

常用的系统定时方法有全网定时法和分别同步法两类。全网定时法又分为业务站（远端）测量法和主站（基准站）测量法两种。下面以业务站测量法为例来加以说明。

业务站测量法定时系统方框图如图 5-16 所示。这种测量是使全网各站的时钟都相对于基准站（即主站）的时钟来建立全网时钟同步，也叫做网定时或网同步。

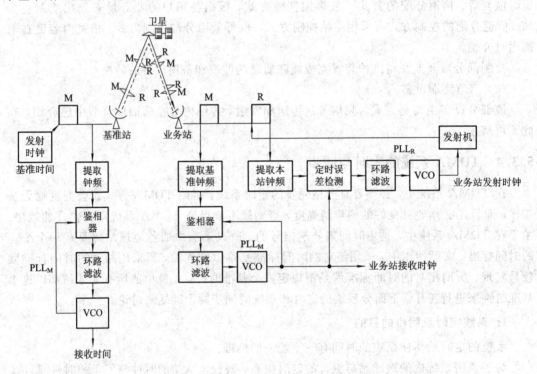

图 5-16　业务站测量法定时系统方框图

基准站的时钟是独立的，并作为全网的基准时钟。基准站以基准分帧的形式发出定时脉冲，基准站的接收时钟要从卫星转发回来的基准分帧中提取，经锁相环 PLL_M 锁频后由压控振荡器输出提供。业务站要从基准站发射并经卫星转发来的基准分帧中提取基准钟频，也经锁相环 PLL_M 锁频后建立业务站的接收时钟，也就是使业务站的接收时钟被强迫与卫星转发的基准时钟信号同步。而业务站的发射时钟，需由业务站先发射一个与基准站时钟脉冲周期相同、但相位可调的业务站定时脉冲。业务站用锁相环 PLL_M 提取的基准站

时钟频率和锁相环 PLL_R 提取从卫星转发回来的定时脉冲钟频,两者经定时误差检测器比较后输出误差信号去控制压控振荡器 VCO,从而使业务站的发射时钟与基准时钟同步。

全网定时业务站测量法的特点是定时误差在业务站进行检测,如果定时误差在基准站检测,则成为全网定时的基准站测量法;其次,因全网有共同的时间标准,各站分帧间的保护时间可以缩短,从而使帧效率提高;第三,因为是在业务站进行定时误差检测,从而使业务站设备较复杂。

3. 系统的同步过程

TDMA 系统的同步又可以分为初始捕捉和分帧同步两个内容。

1) 初始捕捉

初始捕捉是指地球站发射的射频分帧按要求准确地进入卫星转发器已指定的时隙的过程。各地球站都以基准站发射的独特码(UW)作为基准信号,以确定各地球站的发射时间。对初始捕捉的基本要求是捕捉要准确而且速度快;其次是不干扰其他地球站的通信;实现初始捕捉的设备应简单。

初始捕捉的方法有计算机轨道预测法、相对测距法和被动同步法等,这些方法主要都是测距和对准,并且都具有反馈过程。下面以计算机轨道预测法说明初始捕捉的过程。

计算机轨道预测法是先把本地球站的地理位置数据和监控站提供的卫星轨道数据同时输入计算机,用计算机算出卫星现在和以后与本地球站的距离、距离变化率、单程传播时延等数据。利用这些数据,以及分给本站的时隙和本站接收到的基准信号的时间,来确定本站发射分帧信号的时间。当然,这些时间都是以独特码作为时间基准来进行比较的。图 5-17 中以 B 站为例画出初始捕获过程的示意图。B 站先只发射报头,并把发射时间安排在 B 站分帧时隙的中间位置,以免影响前面相邻的 A 站分帧和后面相邻的 C 站分帧的工作。把 B 站所发射的报头中的独特码与基准信号进行比较,调整 B 站发射报头的时间,逐渐把 B 站的报头移到规定的位置,即进入锁定状态,初始捕获也就完成了。这时 B 站就可以发射出完整的分帧信号,进入通信阶段。

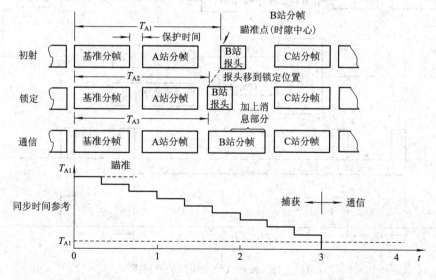

图 5-17　初始捕捉过程

2) 分帧同步

分帧同步是指分帧完成初始捕捉后，为了使各地球站发送的分帧保持在 TDMA 帧内所规定的时隙上，而进行的分帧发送定时控制。分帧同步的方法也分为开环式同步和闭环式同步两种。

（1）开环式分帧同步。

这种方法也是基于对卫星位置进行测量或推算估计，求出地球站与卫星间的距离来决定分帧的发射时间（从接收到基准分帧到送出本站分帧的这段时间）。当然开环式分帧同步的精度与测量卫星的位置的方法和精度有关。一般说，用这种开环方式达不到高精度的分帧同步要求，而且，还因为需要较长的保护时间，而使帧的利用率不高。但是，这种方法和闭环式不同，它不需要特别的初始捕捉过程，这是这种方法的最大特点。

（2）闭环式分帧同步。

这种同步是通过由本站发出并经卫星发回的分帧与基准分帧进行比较，检出接收定时差来控制发射分帧定时，使分帧稳定地在时隙内工作。闭环式分帧同步的原理图如图 5-18 所示。图中 UW_r 和 UW_L 分别为基准站与本地站的独特码，B_i 是数字时延线比特数，其数值等于本站分帧到基准分帧的帧内时间内隔。分帧同步器每隔一定时间（大于本站至卫星的往返行程时间，例如可取为 0.25 s），在同一分帧内分别由 UW_r 和 UW_L 检测器检测出两个示位脉冲 F_r 和 F_L，其中基准站示位脉冲经过数字时延线 B_i，然后在时间上进行比较，比较器输出的误差就是要校正的误差。这个误差被存储起来，并以每帧 1 bit 的速率去校正发射时间，直到误差小于 1bit 为止。图中的孔径门是为了抑制虚检脉冲而设置的，因为由 UW 检出的示位脉冲总是周期性的，而虚检脉冲则是随机出现的，因而设置的孔径门按 F_r 和 F_L 出现的时间孔径门开启，而其余时间关闭，使虚检脉冲受到抑制。

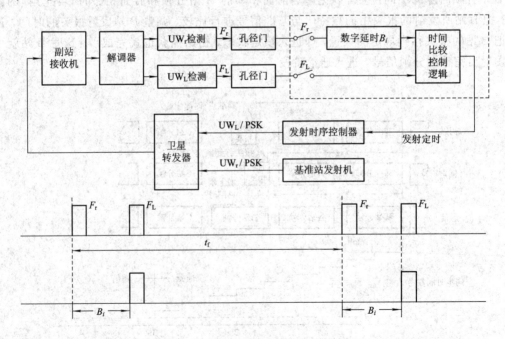

图 5-18　闭环式分帧同步的原理图

5.3.5　TDMA 系统的特点

根据对 TDMA 系统的全面阐述，可以得出 TDMA 系统具有以下特点。

1) 优点

(1) 与 FDMA 系统相比由于 TDMA 系统不存在互调影响，卫星转发器几乎可在饱和点附近工作，因此有效地利用了卫星功率，同时增加了系统容量。

(2) 在 TDMA 中，采用数字话音内插(DSI)技术后，传输容量可增加一倍。例如，一个 80 MHz 的 INTELSAT – V 卫星转发器在不采用 DSI 技术的情况下，可提供约 16 000 个 64 kb/s 的话路，而采用 DSI 技术以后，可提供约 32 000 个同样速率的话路。

(3) TDMA 系统是一种数字通信系统，可以方便地开展各种数字业务，便于实现综合业务的接入。

(4) 使用灵活方便，有利于在系统应用各种信道分配技术，使系统更具灵活性。

2) 不足

(1) 由于是数字通信系统，因此整个系统需要准确的时钟同步，而数字卫星通信系统的同步较其他数字通信系统的同步更复杂。

(2) 由于这种通信方式属于"间歇"通信形式，为了保证用户信息传递的连续性，需对输入的数据速率进行变速处理。

(3) TDMA 系统初期的投资较大。

(4) TDMA 系统实现复杂，技术设备复杂。

5.4　码分多址技术(CDMA)

码分多址系统中，各地球站所发射的信号工作在同一频带内，发射时间是任意的，即各地球站发射的频率和时间可以相互重叠，此时各地球站所使用的信道是依据各站的码型结构的不同而加以区分的。一个地球站发出的信号，只能用与它相匹配的接收机才能检测出来。实现 CDMA 方式的基本技术是扩频技术，在卫星通信中较适宜使用的方式有以下两种：

(1) 直接序列码分多址(CDMA/DS)系统。这种方式比较简单、易于实现、适于低速数据传输。

(2) 跳频码分多址(CDMA/FH)系统。这种方式采用多个载波频率，频谱扩展是通过使载波频率按伪随机序列的对应模式跳变实现的。原理上只不过是多进制 FSK 方式。它的频带扩展程度和所选用的载波频率数有关，与频率跳变率无关，该系统有频率分集作用，适用于衰落信道，但因使用频率比较多，交调现象比较严重，对充分利用卫星的功率和频带不利，设备也比较复杂。

下面简要介绍以上两种技术。

1) 直接序列码分多址系统

CDMA/DS 系统是目前应用最多的一种码分多址方式。对数字系统而言，可采用如图 5–19(a) 所示的方案。在发端，原始信号(信码)与 PN 码进行模 2 加，然后对载波进行 PSK 调制，由于 PN 码速率远大于信码速率，故形成的 PSK 信号频谱被展宽。已调信号在发射机中经上变频后发射出去。在接收端先用与发端码型相同、严格同步的 PN 码和本振信号与接收信号进行混频和解扩，就得到窄带的仅受信码调制的中频信号。经中放、滤波后就可进入普通 PSK 信号解调器恢复原信码。上述过程用图解法示于图 5-19(b)。可以看出，只要收发两端 PN 序列码结构相同并同步，就可正确恢复原始信号。而干扰和其他地址码的信号与接收端的 PN 码不相关，因此在接收端非但不能解扩，反而会扩展，形成的宽带干扰信号经中频窄带滤波后，对解调器来说表现为噪声。由于这种系统具有很强的抗干扰能力和保密性，而且比其他多址方式简单、灵活、用户可随机参与通信，因此在军用系统中得到广泛应用。在小站卫星通信系统和移动卫星通信系统中，这是一种重要的通信体制。

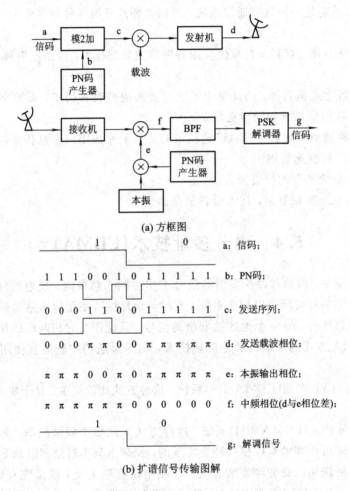

(a) 方框图

　　　　　　　　　　a: 信码；

　　　　　　　　　　b: PN码；

　　　　　　　　　　c: 发送序列；

　　　　　　　　　　d: 发送载波相位；

　　　　　　　　　　e: 本振输出相位；

　　　　　　　　　　f: 中频相位(d与e相位差)；

　　　　　　　　　　g: 解调信号

(b) 扩谱信号传输图解

图 5-19　CDMA/DS 原理图

2) 跳频码分多址(CDMA/FH)系统

　　与 CDMA/DS 相比，CDMA/FH 主要差别是发射频谱的产生方式不同。在发端，利用 PN 码去控制频率合成器，使之在一个宽范围内的规定频率上伪随机地跳动，然后再与信码调制过的中频混频，从而达到扩展频谱的目的。跳频图案和跳频速率分别由 PN 序列及其速率决定。在接收端，本地 PN 码产生器提供一个和发端相同的 PN 码，驱动本地频率合成器产生同样规律的频率跳变，和接收信号混频后获得固定中频的已调信号，通过解调器还原出原始信号。

5.5　空分多址技术(SDMA)

5.5.1　SDMA 的工作原理

如果通信卫星采用多波束天线，各波束指向不同区域的地球站。那么同一频率可以被所有波速同时使用，这就是空分多址(SMDA)。实际应用中，一般不单独使用 SDMA 方式，而是和其他多址方式结合使用。由于 TDMA 方式的功率、频率利用充分，且基本上无互调，并可使用性能良好的数字调制方式，通信容量比 FDMA 大等等，所以 SDMA 与TDMA 结合是提高系统容量的一种有效方法。特别是随着通信业务量的不断增长，通信联络的多变化，在站数多、业务量大、卫星频带严重不足的场合，时分和空分相结合的典型方式 SDMA - SS - TDMA 引起了人们极大的注意。在 IS - V 卫星系统就使用了这种体制。

SS - TDMA 方式中，为了在各不同波速覆盖的区域之间进行通信，通常在星上必须设置一个交换局如图 5 - 20 所示。交换矩阵根据预先设计好的交换次序进行高速切换。这样A、B、C 三个波速中的地球站除了能和本波速中的地球站通信外，还可以和其他各波速中的地球站通信。各局各波速间的通信繁忙程度，选择合适的交换序列，可以使转发器利用率达到最大。

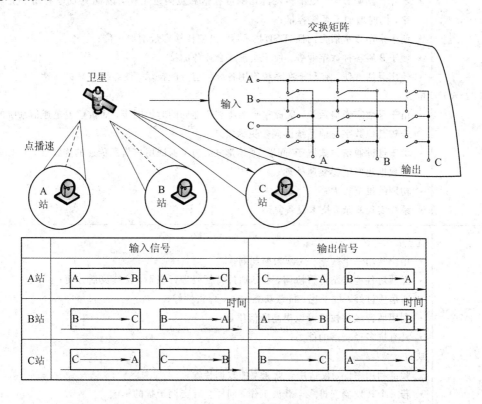

图 5 - 20　SS-TDMA 系统工作示意图

SS-TDMA 和一般 TDMA 最大的不同点是要准确知道星上的交换矩阵的切换时间，

从而控制本站发射时间，以保证在准确的时间里通过交换，建立严格的同步。

图中还画出了三个波速的时隙连接图，其中各地球站在一帧时间内发两个分帧，来自三个地球站的上行链路帧在卫星上通过交换矩阵重新编排，把所有上行链路中发向同一地球站的信号变成一个新的下行链路帧。然后通过相应的点播速天线转发到各地球站。

5.5.2　多址技术的比较

1）多址方式特点比较

在上述的各种多址方式中，由于 SDMA 不能单独使用，因此在这里主要对其他三种多址方式：FDMA、TDMA、CDMA 进行比较。

表 5 - 1　FDMA、TDMA、CDMA 特点比较

FDMA	优点： • 技术成熟、简单，便于实现； • 传输开销低 缺点： • 功率受限； • 产生交调干扰
TDMA	优点： • 不存在互调影响，卫星转发器几乎可在饱和点附近工作，因此有效地利用了卫星功率，同时增加了系统容量； • 便于采用数字话音内插(DSI)技术后，可使传输容量增加一倍； • 便于开展各种数字业务，便于实现综合业务的接入； • 使用灵活方便，有利于在系统应用各种信道分配技术，使系统更具灵活性 缺点： • 由于是数字通信系统，因此整个系统需要准确的时钟同步，而数字卫星通信系统的同步较其他数字通信系统的同步更为复杂； • 由于这种通信方式属于"间歇"通信形式，为了保证用户信息传递的连续性，需对输入的数据速率进行变速处理； • 初期的投资较大； • 系统实现复杂，技术设备复杂
CDMA	优点： • 用户共用一个频率，无须频率规划； • 无须对各地球站进行协调，各站通过特征码进行识别，接续灵活方便； • 通信质量好，抗干扰、抗截获能力强，保密性好； • 利用话音激活技术可以提高通信质量； • 具有抗多径衰落的能力 缺点： • 频谱利用率低，仅适用于低速率的数据传输； • 若一个转发器安排多个载波工作，同样会有交调干扰的影响

2) 多址方式的射频利用比较

FDMA、TDMA、CDMA 三种多址方式射频频带的利用情况如图 5 - 21 所示。

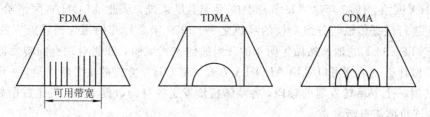

图 5 - 21　FDMA、TDMA、CDMA 的射频带宽利用情况示意图

在 FDMA 中，地球站是按照载波频率进行划分和识别的，载波的有效带宽之间留有一个小的保护带宽，保证地球站能够有效地分离这些载波。分属于不同地球站的载波的带宽和功率可以是不同的（视信道容量而定），但这些载波的总功率是有严格限制的，以防止出现交调干扰。

在 TDMA 中，任意一个时间点上，通过卫星转发器的只有一个突发的宽带信号，不存在交调干扰的问题，因此原则上可以使用全部的带宽。

在 CDMA 中，理论上也可以多站共享一个频带，但在实际应用中，系统在扩频后的带宽达不到整个转发器的带宽，因此可以在一个转发器中安排多个载波。每个载波上可以有多个 CDMA 信道同时工作。对于这时的 CDMA 系统，转发器的总功率也要向 FDMA 一样进行限制，以防出现交调干扰。

5.6　卫星分组通信中的多址技术

5.6.1　基本概念

随着卫星通信的不断发展，数据传输和交换也用卫星进行通信了。与卫星信道中进行话音传输和交换相比，数据的传输与交换有以下几个特点：

（1）发送数据的时间是随机的，间断的。当有数据传送时，数据率很高，可达到几千 b/s，但传送数据的时间很短促，其余的很长时间是空闲的，没有数据传送。峰值传送率与平均传送率的比值很大，高达几千，因而信道利用率很低。

（2）由于数据业务的种类繁多，网络中应能同时传送速率相差很大的多种不同数据。

（3）由于要传送的数据长短不同，各种数据又可以非实时传送，所以为了提高卫星信道利用率，可以把一组数据分成几个数据分组，分开传送。在接收端再把收到的各数据分组串接成原来的完整数据。对于较短的数据，就只需占用一个数据分组即可。

（4）利用卫星信道进行数据传输和交换的卫星通信网中，通常包含有大量低成本的地球站。

由以上特点可知，除了数据业务非常繁忙或被传送的数据很长外，如果仍然使用适合于传送具有电话业务"长流水"特点的卫星 FDMA 或 TDMA 方式来传送具有"突然发生"特点的数据业务时，信道的利用率会很低。即使采用按需分配，也不会有多少改进。因为许多发送的数据的时间是小于申请分配信道所需的时间的。为了解决以上问题，就催生了在卫星通信中采用分组通信这一新的技术。

最初的一种分组通信方式的实验是由美国夏威夷大学在地面网络进行的，这种网络叫做 ALOHA 网络。1973 年这项技术首次应用于卫星系统，从此 ALOHA(阿洛哈)网成为通过卫星进行数据传输与分组交换的系统之一。1975 年 9 月开始用大西洋上空的 IS-Ⅳ卫星和 INTELSAT 的地球站做了两年的分组通信方式试验，证明对现有的转发器和地球站不需要做什么变动就可以采用 ALOHA 方式。ALOHA 方式的主要特点是，一定数量的地球站共用一个卫星转发器的频段，各站随机地发送各自的数据分组，发送数据如果发生碰撞，则该数据需重新发送。

5.6.2 纯 ALOHA 方式

在这种方式中，卫星数据传输网中的各地球站都装有发射控制单元，发射控制单元能把数据分成几个段，并在每个数据段的前面加一个分组的报头，报头中包括收方、发方的地址以及一些控制用的比特。每个数据段的后面还要加上检错码，这样就形成一个数据分组，如图 5-22 所示。这个数据分组一方面由发射控制单元调制后向卫星发射，另一方面要由存储器储存起来备用。

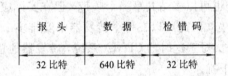

报　头	数　据	检错码
32 比特	640 比特	32 比特

图 5-22 数据卫星通信分组结构

数据分组的发射时间是随机的，全网不需要同步。经卫星转发后，所有地球站都能接收到经这个数据分组调制后的射频信号，但只有与报头中地址相符的地球站才能检测出这个数据分组。在检测之后如果没有发现错误，收方地球站就要发出一个应答信号；如果检测后发现错误，就不发应答信号。

发射方地球站在发射之后要等待收方地球站的应答信号。如果在规定的时间里没有收到应答信号，发方地球站就要把存储器中储存的原数据分组重新发射，直到收到收方地球站的应答信号表示发送成功为止。这时存储器所储存的内容就可以取消。因为各地球站发射数据分组的时间是随机的，如果两个以上的数据分组同时通过转发器，即产生信号的重叠，也叫做碰撞。这时，收方地球站不能正确接收信号，收方就不会应答，发方必须重发。

图 5-23 表示 ALOHA 系统发生碰撞与重发的情况。图中表示 1、2、…、K 等地球站发射的信号正在通过转发器。其中 2 站发射的第一个分组信号与 K 站发射的第三个分组信号发生了碰撞，于是这两个地球站就要分别等待不同的时间重发。如果没有发现再碰撞，当然就不再重发。从以上过程可以看到，每个地球站的发射控制单元必须安装随机的延迟电路，以便得到不相同的随机的等待时间。所以，重发的分组信号再次发生碰撞的概率是很小的。但是再次发生碰撞的可能性仍存在，这主要出现在与别的地球站所发射的分组信号发生碰撞。至于原来碰撞的两个分组信号经随机时延后重发时，发生再碰撞的概率是极微小的。因此，发生第三次碰撞的概率更是微乎其微了。如果发生了第二次甚至第三次碰撞而进行重发产生的全部信号时延，比要求收方响应的时间短得多的话，那么对数据传输业务就不会发生明显的影响。

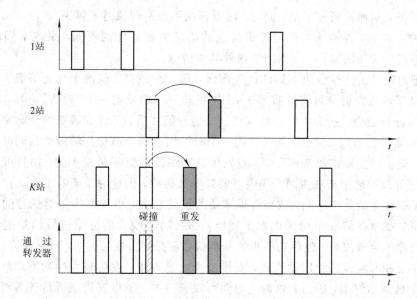

图 5 - 23　ALOHA 系统发生碰撞与重发示意图

发射站可以从卫星转发的信号中接收到自己发射的数据分组信号,如果以此来判断这个分组信号是否发生碰撞,从而决定是否需要重发,这个过程只需 270 ms 左右。而发射站从接收站的应答信号中判断是否需要重发,则要耗费双跳的时延,即 540 ms。但发射站仍必须主要以接收站应答信号为主。因为有时尽管通过卫星转发器时没有发生碰撞,但由噪声引起接收站的接收信号产生差错时,发射站也需要重发分组信号。

在这种工作方式中,整个系统不需要全系统的定时和同步,各地球站发射分组信号的时间是任意的、随机的。在需要发射的分组信号数目不太多时,ALOHA 系统的信道利用率甚至比按需分配的 TDMA 方式还好,而且具有一定的抗干扰能力。

但是在数据业务繁忙,发生碰撞的概率增大时,重发的分组信号也就增多。于是就会形成碰撞次数增多→重发次数增多→碰撞次数更多→重发次数更多→……一直发展到无法控制的状况。这就是所谓 ALOHA 系统的不稳定现象。

ALOHA 系统一旦出现不稳定状况时,应该立即采取告警的办法,通知用户加大分组信号的发射时间间隔,甚至暂停发射,以保持系统的稳定。

根据概率论对纯 ALOHA 方式进行理论分析可以求得这种方式的信道利用率为 18.4%。这个利用率仍不是很高。为了提高信道利用率和系统稳定性,又提出了时隙 ALOHA 协议(S - ALOHA)和预约 ALOHA(R - ALOHA)等一些改进的 ALOHA 方式。

5.6.3　S - ALOHA 方式

这种方式中的 S 表示时隙。它的主要特点是,把信号进入卫星转发器的时间分成许多时隙,各地球站发射的数据分组信号必须进入某一时隙内,并且每个分组信号的时间应几乎填满一个时隙,而不是像纯 ALOHA 方式那样可以任意随机发射。时隙的定时要由全系统的时钟来确定,各地球站的发射控制单元必须与系统的时钟同步。这种方式的碰撞概率比纯 ALOHA 方式的概率小。因此最大信道利用率较高,可达到 36.8%,即比纯 ALOHA 方式的信道利用率要大一倍。但 S - ALOHA 方式要有定时和同步,其分组信号的时间长短也是固定的，从而设备较复杂。同时，信道存在不稳定现象尚未解决。

在这种方式中，各地球站还可根据发送的信息的重要性的不同，采取不同的优先等级，以减小发生碰撞的概率。下面列举两种具体措施。

(1) 把地球站的终端分成不同的优先等级，例如分成高、低两个优先等级。高优先等级的地球站终端在发射分组信号前 270 ms 先用某一时隙发射一个"通告"信号，表示即将用这个时隙进行通信。系统中的各站收到这个通告信号后，低优先等级的地球站终端主动避开这个时隙进行通信。但是，如果在同一个时隙内有两个高优先等级的站同时发出通告信号，这时就会产生碰撞而需重发。不过发生这种情况的概率是很小的。而且可以采用分成多个优先等级的措施来减少两个等级下的同等级碰撞，但这时系统的工作就较复杂了。

(2) 根据业务的等级不同，改变各地球站的发射功率。由于两个分组信号的功率相差得足够大时，如果在同一个时隙内发生碰撞，那么功率较大的分组信号仍然能够正常传送，即该时隙不会被浪费。显然功率小的分组信号则只好重发。例如，对于像人-机对话那样需要快的、相互响应的地球站终端，安排成高优先等级，发射较大的功率；而对于发射成批数据的地球站终端，因为它的响应时间可以长一些，所以安排成低优先等级，发射较小的功率。

5.6.4　R‑ALOHA 方式

这种方式中的 R 表示预约。由于在卫星通信网中，各地球站的业务类型和业务量是很不相同的，因此所传送的内容长短的差别很大，例如文本检索或话音就是很长的消息。这时，如果也采用纯 ALOHA 或 S‑ALOHA 方式，就需要分成许多个数据分组信号，并逐一发送出去。对这种很长的消息加上传送过程中遇到的碰撞和重发，接收站就需要更长的时间才能收全，收全传输过程时延很长。如果在接收站收全消息后，还需要向发站回答长的消息，传输中所需的时延会超过正常的应答时间，将会引起通信混乱。为了解决在卫星通信数据网中兼容长报文和短报文，提出了 R‑ALOHA 的通信方式。

这种方式是当地球站要发送短报文则仍按非预约的 S‑ALOHA 方式进行传送，发送长报文时，先提出申请，预约一段包括连续几个时隙的时间，以便一次发送成批的数据。当某地球站要发送长报文时，该站必须首先进行申请预约，申请信号通过非预约的 S‑ALOHA 时隙来进行传送，表明所需使用的预约时隙长度。如果没有发生碰撞，则在一定时间之后，全网中的各地球站，包括发送申请预约消息的地球站都会收到一个信息，根据当时的排队情况确定该报文应出现的时隙位置，这样其他站就不会再去使用这些时隙了。同时发送地球站也可以计算出其应该发射的时隙，以便准时发射。对于短报文，既可以直接利用 S‑ALOHA 时隙发射，也可以像长报文一样通过预约申请，利用预约进行时隙发射。

全网中的各地球站都能接收到此长报文信号时，只有与该报文目标地址码一致的地球站，能够检测出发射给它们的分组。当经过差错检测确定无误时，则利用 S‑ALOHA 竞争信道向发射地球站发射一个应答信号。当发射站收到这一应答信号时，则将存储器中保存的上述数据删除。若发射站在规定的时间内仍未接收到应答信号，则进行重发操作。

由上述分析可知，R‑ALOHA 方式不仅能够支持长报文的传送，也能支持短报文的传送。而且两者均具有良好的吞吐量与时延特性的关系，即很好地解决了长短报文的兼容问题，具有较高的信道利用率。但信道的稳定性问题仍未解决，而且其实现难度要大于 S-ALOHA。

具体的 R-ALOHA 方式有许多种，在大西洋 IS-IV 卫星上实验过的 ARPA 系统就是其中的一种。ARPA 系统的优点是解决了长、短消息的兼容，从而使最大信道利用率可以达到 83.3%，这个利用率比 S-ALOHA 的利用率大得很多。但缺点是平均的传输时延较长，大约为 270×3ms，这主要是因需要申请排队而引起的。而且信道稳定性问题仍然没有解决，有待于继续研究和试验。

本 章 小 结

(1) 信道的分配有三种方式：预分配方式；按需分配方式；随机分配方式。三种方式有各自的优缺点及应用范围。

(2) 卫星通信中的多址方式有四种：频分多址、时分多址、码分多址和空分多址。空分多址不能单独使用。

(3) 频分多址是较常用的卫星多址技术，但会带来交调干扰，因此卫星中的功率不能充分利用。

(4) SCPC 技术和话音激活技术的结合使用可有效地提高卫星通信系统的通信效率。

(5) 时分多址技术可以有效地减少交调干扰，但需有精确的时钟同步系统。

(6) 卫星通信中对于数据的传输采用随机分配的多址技术。

习 题

5-1 多址方式与多路复用的异同点是什么？

5-2 简述几种常用的信道分配方式及其各自的特点。

5-3 SCPC 与 SPADE 方式的异同点是什么？

5-4 简述 FDM/FM/FDMA 的工作原理及特点。

5-5 简述各种多址技术的优缺点。

5-6 ALOHA 技术的特点是什么？几种 ALOHA 技术的工作原理及特点分别是什么？

第6章 微波通信系统设计

6.1 微波通信系统的组成

数字微波通信系统是由微波通信站组成的，微波通信站包括了发信系统、收信系统和天馈线系统。

6.1.1 发信系统

目前，广泛使用的数字微波发信系统包括使用微波调相器的直接调制式发信机和使用频率变换器的变频式发信机。480路以下的中小容量的数字微波系统普遍采用直接调制式发信机设备；中大容量的数字微波系统则多采用变频式发信机设备。由于变频式发信机将数字基带信号直接调制在中频载波上，这使得发信系统具有较好的调制特性和设备兼容性。

如图6-1所示为一典型的变频式发信机的功能框图。中频已调信号经过中频放大器放大后送入发信混频器；通过与发信本振信号混频，中频信号上变频为微波已调信号。该信号经过单向器和滤波器后，保留一个边带信号（上边带或下边带），经功率放大器将其功率提升到额定电平，由分路滤波器经馈线送入发射天线，将信号由传输方式转换为辐射方式。

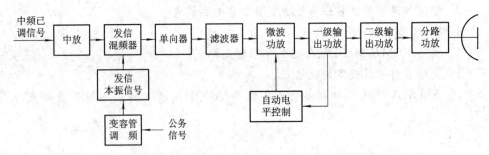

图6-1 变频式发信机方框图

随着发信系统微波信号的提升，功率放大器采用场效应晶体管；为了减小由于功率级别提升导致的非线性失真噪声，场效应晶体管放大器往往附加自动电平控制电路（AGC），动态地将输出信号电平维持在一个合理的阈值范围。

公务信号则是采用复合调制方式传送，这是目前数字微波通信中采用的传递方式之一。公务信号通过变容器对发信本振信号进行浅调频，调制方式易行，设备简单，特别是在没有复用设备的中继站中，可以实现公务信号的上、下传输。

下面逐一介绍发信系统的主要性能参数。

　　1）工作频段

　　根据无线电频谱的划分，频率为 $0.3 \sim 300$ GHz 的电磁波为微波。目前，使用的范围只有 $1 \sim 40$ GHz，工作频率越高，能获得的通频带越较宽，通信容量越大，同时，可以得到更尖锐的天线方向性和天线增益。但是，当频率较高时，雨、雾及水蒸气对电波的散射或吸收衰耗增加，造成电波衰落和收信电平下降。这些影响对 12 GHz 以上的频段尤为明显，甚至随频率的增加而急剧增加。

　　目前我国基本使用 2、4、6、7、8、11 GHz 为微波通信频段。其中，2、4、6 GHz 因电波传播比较稳定，故用于干线微波通信；而支线或专用网微波通信常用 2、7、8、11 GHz。

　　2）输出功率

　　输出功率是指发信机输出端口处功率的大小。输出功率的确定与设备的用途、站距、衰落影响及抗衰落方式等因素有关。由于数字微波的输出比模拟微波有较好的抗干扰性能，故在要求同样的通信质量时，数字微波的输出功率可以小些。当用场效应晶体管功率放大器作末级输出时，一般为几十毫瓦到 1 瓦之间。

　　3）频率稳定度

　　工作频率的稳定度取决于发信本振源的频率稳定度，定义为实际工作频率与标称工作频率的最大偏差值与标称工作频率之比，为

$$K = \frac{\Delta f}{f_0} \qquad\qquad (6-1)$$

式中，f_0 为标称工作频率；Δf 为实际工作频率与标称工作频率的最大偏差值。

　　对于采用 PSK 调制方式的数字微波通信系统而言，若发信机工作频率不稳，即有频率漂移，将使解调的有效信号幅度下降，误码率增加。对于 PSK 调制方式，要求频率稳定度为 $1 \times 10^{-5} \sim 5 \times 10^{-6}$。

　　发信本振源的频率稳定度与本振源的类型有关。近年来，由于微波介质稳频振荡源可以直接产生微波频率，具有电路简单、杂波干扰及热噪声较小等优点，所以正在被广泛采用，其自身的频率稳定度可达到 $1 \times 10^{-5} \sim 2 \times 10^{-5}$ 左右。当用公务信号对介质稳频振荡源进行浅调制时，其频率稳定度会略有下降。对频率稳定度要求较高或较严格时，例如 $1 \times 10^{-6} \sim 5 \times 10^{-6}$，可采用脉冲抽样锁相振荡源等形式的本振源。

6.1.2　收信系统

　　数字微波的收信系统由接收机和解调设备组成，这里所述的接收机包括射频和中频两部分。目前，广泛使用的收信系统采用外差式收信方案。

　　如图 6-2 所示是一个外差式收信系统的功能框图，采用了空间分集技术。上下两天线接收到的直射电磁波和经过多径传播的电磁波，分别经过两个相同的传输信道，信号经过带通滤波器、低噪声放大器、抑镜滤波器、收信混频器、前置中放后进行合成；合成后的信号经主中频放大器输出中频已调信号。

　　图 6-2 所示为最小振幅偏差合成分集接收。下天线的本机振荡源是由中频检出电路的控制电压对移相器进行相位控制，以抵消上、下天线收到多径传播的干涉波（反射波和折射波），改善带内失真，获得最佳的抗多径衰落效果。

　　为了更好地改善因多径衰落造成的带内失真，在性能较好的数字微波收信机中需加入

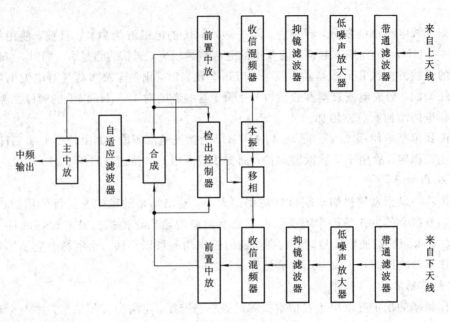

图 6-2 外差式收信系统框图

中频自适应均衡器，使它与空间分集技术相配合，可最大限度地减少通信中断的时间。

图 6-2 中的低噪声放大器采用砷化镓场效应晶体管（FET），这种放大器的低噪声性能良好，并使整机的噪声系数大大降低。

由于 FET 放大器是宽频带工作的，所以其输出信号的频率范围很宽，因此需要在FET 放大器的输入端加带通滤波器，输出端加抑制镜像干扰的抑镜滤波器，对镜像频率噪声的抑制度应达 13～20 dB 以上。

下面介绍收信系统的性能参数。

1）工作频率

收信机是与发信机配合工作，对于一个中继段而言，前一个微波站的发信频率就是本收信机同一波道的收信频率，频段的使用参见前面有关发信设备主要性能指标参数中的内容。

接收的微波射频信号的频率稳定度是由发信机决定的，但是收信机输出的中频是收信本振信号与接收到的微波射频进行混频的结果，所以若收信本振偏离标称频率较大，就会使混频输出的中频偏离标称值。这样，就使中频已调信号频谱的一部分不能通过中频放大器，造成频谱能量的损失，导致中频输出信噪比下降，引起信号失真，使误码率增加。

对收信本振频率稳定度的要求与发信设备基本一致，通常要求 $1 \times 10^{-5} \sim 2 \times 10^{-5}$，要求较高者为 $1 \times 10^{-6} \sim 5 \times 10^{-6}$。

收信本振频率常采用同一方案，是两个独立的振荡源，收信本振的输出功率往往比发信本振要小些。

2）噪声系数

数字微波收信机的噪声系数一般为 3.5～7 dB，比模拟微波收信机的噪声系数小 5 dB左右。噪声系数是衡量收信机热噪声性能的一项指针，它的基本定义为：在环境温度为标准室温（17℃）、一个网络（或收信机）输入与输出端在匹配的条件下，噪声系数 N_F 等于输

入端的信噪比与输出端的信噪比的比值，记作

$$N_F = \frac{P_{si}/P_{ni}}{P_{so}/P_{no}} \qquad (6-2)$$

设网络的增益系数为 $G = P_{so}/P_{si}$，输出端的噪声功率是输入端的噪声功率(被放大 G 倍)与网络本身产生的噪声功率两部分组成的，可写为

$$P_{so} = P_{si}G + P_网$$

用上面的关系式，可把公式(6-2)改写为

$$N_F = \frac{P_{so}}{P_{si}G} = \frac{P_{si}G - P_网}{P_{si}G} = 1 + \frac{P_网}{P_{si}G} \qquad (6-3)$$

由公式(6-3)可以看出，网络(或收信机)的噪声系数最小值为1(合 0 dB)。$N_F = 1$，说明网络本身不产生热噪声，即 $P_网 = 0$，其输出端的噪声功率仅由输出端的噪声源所决定。

实际的收信机不可能 $N_F = 1$，即 $N_F > 1$。式(6-3)说明，收信机本身产生的热噪声功率越大，噪声系数值越大。收信机本身的噪声功率要比输入端的噪声功率经放大 G 倍后的值还要大很多，根据噪声系数的定义，可以说噪声系数是衡量收信机热噪声性能的一项指针。

在工程上微波无源损耗网络(例如馈线和分路系统的波导组件)的噪声系数在数值上近似于其真相传输损耗。图 6-2 所示的收信机是由多级网络组成的，在 FET 放大器增益较高时，其整机的噪声系数可近似为 $N_F(dB) \approx L_0(dB) + N_{F场}(dB)$，式中 $L_0(dB)$ 为输入带通滤波器的传输损耗；$N_{F场}(dB)$ 为 FET 放大器的噪声系数。

假设分路带通滤波器的传输损耗为 1 dB，FET 放大器的噪声系数为 1.5～2.5 dB，则数字微波收信机噪声系数的理论值仅为 3.5 dB，考虑到使用时的实际情况，较好的数字微波收信机的噪声系数为 3.5～7 dB。

3) 通频带

收信机接收的已调波是一个频带信号，即已调波频谱的主要成分要占有一定的带宽。收信机要使这个频带信号无失真地透过，就要具有足够的工作频带宽度，这就是通频带。通频带过宽，信号的主要频谱成分当然都会无失真地透过，但也会使收信机收到较多的噪声；反之，通频带过窄，噪声自然会减小下来，但却造成了有用信号频谱成分的损失，所以要合理地选择收信机的通频带和通带的幅频衰减特性等。经过分析可认为，一般数字微波收信设备的通频带可取传输码元速率为 1～2 倍。对于 $f_s = 8.448$ Mb/s 的二相调相数字微波通信设备，可取通频带为 13 MHz，这个带宽等于码元速率(二相调相中与比特速率相等)的 1.5 倍，通频带的宽度是由中频放大器的集中滤波器予以保证的。

4) 选择性

对某个波道的收信机而言，要求它只接收本波道的信号，对邻近波道的干扰、镜像频率干扰及本波道的收、发干扰等要有足够大的抑制能力，这就是收信机的选择性。

收信机的选择性是用增益-频率(G-f)特性表示的。一般要求在通频带内增益足够大，而且 G-f 特性平坦；通频带外的衰减越大越好；通带与阻带之间的过渡区越窄越好。

收信机的选择性是靠收信混频之前的微波滤波器和混频后中频放大器的集中滤波器来保证的。

5) 最大增益

天线收到的微波信号经馈线和分路系统到达收信机。由于受衰落的影响，收信机的输

入电平在随时变动。要维持解调机正常工作，收信机的主中放输出应达到所要求的电平，例如要求主中放在 75 Ω 负载输出 250 mV(相当于−0.8 dBm)。但是收信机的输入端信号是很微弱的，假设其门限电平为−80 dBm，则此时收信机输出与输入的电平差就是收信机的最大增益。对于上面给出的数据，其最大增益为 79.2 dB。

这个增益值要分配到 FET 低噪声放大器、前置中放和主中放各级放大器，是它们的增益之和。

6) 自动增益控制范围

以自由空间传播条件下的收信电平为基准，当收信电平高于基准电平时，称为上衰落；低于基准电平时，称为下衰落。假定数字微波通信的上衰落为 +5 dB，下衰落为 −40 dB，其动态范围(即收信机输入电平变化范围)为 45 dB。当收信电平变化时，若仍要求收信机的额定输出电平不变，就应在收信机的中频放大器内设有自动增益控制(AGC)电路，使之在收信电平下降时，中放增益随之增大；收信电平增大时，中放增益随之减小。根据上面假定的数据，本例中 AGC 范围就应为 45 dB。

6.1.3 天馈线系统

微波通信属于无线通信，电波的接收和发射均由天线来完成。从理论上讲，微波发信设备输出的信号透过馈线系统(同轴电缆或波导)送至天线，由天线向对端发射电磁波；或反之，由天线接收对端发射来的电磁波，通过馈线系统送往微波收信设备，天馈线系统是微波通信系统的重要组成部分。

1. 天线系统

天线是微波收发信设备的"出入口"，它既要将发信机的微波沿着指定的方向发射出去，同时还要接受对方传来的电磁波并送到微波收信机。因此，天线性能的好坏将直接影响到整个微波通信系统的正常运行。天线的性能指标主要包括以下几个参数。

1) 天线的方向系数

通常一副天线向各个方向辐射电磁波的能力是不同的，它沿各个方向辐射电磁能量的强弱可用天线的方向系数来表示。所谓天线的方向系数是指在某点产生相等电场强度的条件下，无方向性天线总辐射功率 P_{F0} 与定向天线总辐射功率 P_F 的比值，常用 D 来表示，即

$$D = \frac{P_{F0}}{P_F} \tag{6-4}$$

不难想象，定向天线沿各个方向辐射的电场强度是不相同的，因而定向天线的方向系数也将随着观测点的位置不同而有所不同。其中方向系数最大的地方，即辐射增强的方向，称为主射方向。通常人们用天线的方向图来表示天线在各个方向的方向系数大小，如图 6−3 所示。由图可以看出，天线的方向性图像花朵的花瓣，各花瓣称为波瓣。处于主射方向的称为主瓣，处于主瓣反方向位置的波瓣称为后瓣，其他方向的波瓣统称为副瓣。显然，主瓣的宽度越窄，说明天线的方向性越好。天线方向性的好坏，工程上常采用半功率波瓣宽度和零功率波瓣宽度两个参量来表示。所谓半功率波瓣宽度是指主瓣上场强为主射方向场强的 $1/\sqrt{2} = 0.707$ 时(即功率下降 1/2 时)，两个方向间的夹角，即为"$2\theta_{0.5}$"；所谓零功率波瓣宽度是指偏离主射方向最近的两个零射方向(辐射场强为零的方向)之间的夹角，记为"$2\theta_0$"。半功率波瓣宽度和零功率波瓣宽度越小，表示主瓣的宽度越窄，说明天线

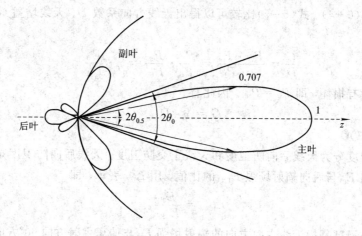

图 6 - 3　天线方向性图

的方向性越好。

一副方向性良好的天线，除了必须具备上述的较小的半功率波瓣宽度和零功率波瓣宽度外，后瓣和副瓣也应尽可能小，以减小可能出现的窜扰。

2）天线增益

所谓天线增益是指天线将发射功率往某一指定方向发射的能力。天线增益定义为：取定向天线主射方向上的某一点，在该点场强保持不变的情况下，用无方向性天线发射时天线所需的输入功率 P_{i0}，与采用定向天线时所需的输入功率 P_i 之比，天线增益常用 G 表示，即

$$G = \frac{P_{i0}}{P_i} \tag{6-5}$$

根据定义，天线的增益可以理解为：为了使在观察点获得相等的电磁波功率密度，定向天线所需的发射功率要比无方向性天线所需的发射功率小 G 倍。

另外天线具有互易性，即一副同样的天线既可以作为发射天线，也可以作为接收天线，因此从天线接收的角度看，天线增益也可以用定向天线的有效接收面积 A_e 与各向同性（无方向性）天线的有效接收面积 A_0 之比来表示，即

$$G = \frac{A_e}{A_0} \tag{6-6}$$

必须指出，天线性能指标中给出的天线增益以及通常人们所说的天线增益都是指辐射场强为最大主射方向时的天线增益。然而当天线的主射方向偏离接收方向时，其实际的增益将随偏离程度的不同而变化。总之天线的增益反映了定向天线在某一方向辐射电磁波或接收电磁波的能力。因此一副高增益的定向天线可以降低对微波发信机输出功率的要求并提高微波接收机的接收灵敏度。

3）天线效率

天线本身是一种无源器件，就其对传输而言存在一定的损耗。这种损耗通常用天线的效率来衡量。所谓天线效率就是指天线的辐射功率 P_F 与输入功率 P_i 之比。常用 η 来表示，即

$$\eta = \frac{P_F}{P_i} \tag{6-7}$$

将式(6-7)与式(6-4)、式(6-5)比较可以得出天线方向系数 D、天线增益 G 和天线效率 η 之间的关系为

$$\frac{G}{D} = \frac{P_{i0} \cdot P_F}{P_i \cdot P_{F0}} = \frac{P_F}{P_i} \cdot \frac{P_{i0}}{P_{F0}} = \eta \cdot \frac{P_{i0}}{P_{F0}}$$

理想天线没有损耗，即 $P_{i0} = P_{F0}$。因此有

$$G = \eta \cdot D \tag{6-8}$$

4）天线防卫度

天线的防卫度分为天线后向防卫度和天线正交防卫度。天线后向防卫度是指天线主射方向的辐射场强 $E_{0°}$ 与后向辐射场强 $E_{180°}$ 的比值，用 $L_{180°}$ 表示，即

$$L_{180°} = \frac{E_{0°}}{E_{180°}}$$

天线正交防卫度是指天线主射方向的辐射场强 $E_{0°}$ 与偏离主射方向 90°方向上的辐射场强 $E_{90°}$ 的比值，用 $L_{90°}$ 表示，即

$$L_{90°} = \frac{E_{0°}}{E_{90°}}$$

天线防卫度反映了主射方向的辐射场强对偏离其 90°和 180°方向上的串扰影响大小，防卫度越高其串扰越小。

2. 常用的微波天线

目前在微波通信中常用的天线主要有两种，即抛物面天线和卡塞格伦天线。它们具有天线方向性好、增益高、损耗低的特点。

1）抛物面天线

抛物面天线由旋转抛物面和辐射源（馈源）两部分组成，其结构类似于探照灯，它是利用放置在抛物面焦点处的辐射源发射出的球面波，经抛物面反射形成定向的平面波束射向空间。图 6-4(a)为抛物面天线的结构图。

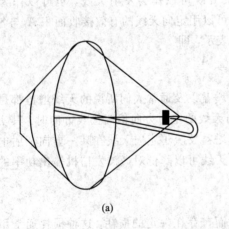
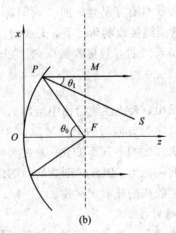

(a)　　　　　　　　　(b)

图 6-4　抛物线天线的结构图

根据几何学原理，其工作原理如下：

抛物面的方程可由下式表示

$$x^2 - y^2 = 4fz \tag{6-9}$$

式中，f 为焦距，即焦点 F 到抛物面顶点的距离。

由于旋转抛物面具有对称性，因此只需研究二维平面内的情况，此时式(6-9)可写成抛物线方程

$$x^2 = 4fz \qquad\qquad (6-10)$$

它可用图 6-4(b)表示。假设 P 为抛物线上的任意一点，过 P 点作平行 z 轴的直线，过焦点 F 作平行于 x 轴的直线，两者交于 M 点。作 P 点处法线 PS，则 PS 与 PM 的夹角为 θ_1，PF 与 OF 的夹角为 θ_0。只要证明 $\theta_0 = 2\theta_1$，即 FP 与 PS 之间的夹角也为 θ_1，就可以得出 PM 为 FP 的反射线这一结论。

抛物面上 P 点的斜率为

$$k = \frac{\mathrm{d}x}{\mathrm{d}z} = \frac{2f}{x}$$

即

$$\tan\left(\frac{\pi}{2} - \theta_1\right) = \frac{\mathrm{d}x}{\mathrm{d}z} = \frac{x}{2f}$$

亦即

$$\tan\theta_1 = \frac{\mathrm{d}x}{\mathrm{d}z} = \frac{x}{2f}$$

根据三角函数关系有

$$\tan(2\theta_1) = \frac{2\tan\theta_1}{1 - \tan^2\theta_1} = \frac{4fx}{4f^2 - x^2} = \frac{x}{f - z}$$

从图 6-4 中可知

$$\tan\theta_0 = \frac{x}{f - z}$$

由此可以得出

$$\theta_0 = 2\theta_1$$

根据这一结果可以得出，PM 即为 FP 的反射线。进一步推算有

$$\overline{PM} = f - z$$
$$\overline{FP} = \sqrt{(f-z)^2 + x^2} = \sqrt{f^2 - 2fz + z^2 + x^2} = f + z$$

则 $\overline{PM} + \overline{FP} = f - z + f + z = 2f = $ 常数。

也就是说，$\overline{FP} + \overline{PM}$ 长与 P 点的位置无关，这说明 MF 平面是一个等相位面。因此抛物面天线发射出的电磁波在方向是一个平面波。

通过以上分析可以得出，当信号的辐射源位于抛物面天线的焦点上时，由辐射器发射的电磁波经抛物面反射后将产生一个高方向性的波束。

2）卡塞格伦天线

卡塞格伦天线是另一种在微波通信中常用的天线，它是从抛物面天线演变而来的。卡塞格伦天线由三部分组成，即主反射器、副反射器和辐射源。其中主反射器为旋转抛物面，副反射器为旋转双曲面。在结构上，双曲面的一个焦点与抛物面的焦点重合，双曲面焦轴与抛物面的焦轴重合，而辐射源位于双曲面的另一焦点上，如图 6-5 所示，它是由副反射器对辐射源发出的电磁波进行的一次反射，将电磁波反射到主反射器上，然后再经主反射器反射后获得高方向性的平面波波束，以实现定向发射。卡塞格伦天线的工作原理如图

6-5 所示。

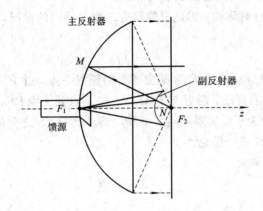

图 6-5　卡塞格伦天线工作原理

　　当辐射器位于旋转双曲面的实焦点 F_1 处时，由 F_1 发出的射线经过双曲面反射后的射线，就相当于由双曲面的虚焦点直接发射出的射线。因此只要双曲面的虚焦点与抛物面的焦点重合，就可使副反射面反射到主反射面上的射线被抛物面反射成平面波辐射出去。

　　卡塞格伦天线相对于抛物面天线来讲，它将馈源的辐射方式由抛物面的前馈方式改变为后馈方式，使天线的结构较为紧凑，制作起来也比较方便。另外卡塞格伦天线可等效为具有长焦距的抛物面天线，而这种长焦距可以使天线从焦点至抛物线口面各点的距离接近于常数，因而空间衰耗对馈电器辐射的影响较小，使得卡塞格伦天线的效率比标准抛物面天线要高。

　　双曲线反射的几何关系如图 6-6 所示。图中点划线为双曲面的渐进线，由几何知识可知，双曲面有两个焦点 F_1 和 F_2，双曲面上的任何一点到两焦点的距离之差为常数。一个旋转双曲面的函数可以用下式表示

$$\frac{x^2}{a^2} - \frac{y^2}{b^2} = 1$$

其中双曲面的两顶点长度为 $2a$，即 $y=0$ 时，$x=\pm a$；对于其渐近线，当 $x=\pm a$ 时，$y=\pm b$。

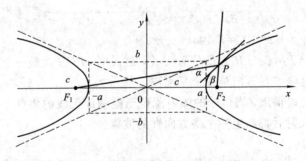

图 6-6　双曲线反射的几何关系

　　根据双曲面的几何关系，双曲面的两焦点距离，即焦距 F_c 满足

$$F_c = 2\sqrt{a^2 + b^2} = 2c$$

设 $P(x_0, y_0)$ 为双曲面上的任意一点，则该点的切线方程为

$$\frac{x_0 x}{a^2} - \frac{y_0 y}{b^2} = 1$$

只要证明夹角 $\angle F_1 P F_2$ 被切线平分，即 $\alpha = \beta$，也就验证了 $F_2 P$ 的延长线即为射线 $F_1 P$ 的反射线。

由图 6-6 不难得出直线 $F_2 P$ 的斜率为

$$\tan\theta = \frac{y_0}{x_0 - c}$$

直线 $F_1 P$ 的斜率为

$$\tan\phi = \frac{y_0}{x_0 + c}$$

切线的斜率为

$$\tan\gamma = \frac{b^2 x_0}{a^2 y_0}$$

则

$$\tan\alpha = \tan(\theta - \gamma) = \frac{\tan\theta - \tan\gamma}{1 + \tan\theta\tan\gamma} = \frac{b^2}{c y_0}$$

$$\tan\beta = \tan(\gamma - \phi) = \frac{\tan\gamma - \tan\phi}{1 + \tan\gamma\tan\phi} = \frac{b^2}{c y_0}$$

由此得出，$\alpha = \beta$，即由 F_1 发出的射线经过双曲面反射后就相当于从 F_2 发出的射线。可见，卡塞格伦天线是采用馈源加副反射面来代替原抛物面天线的馈源，而性能则与抛物面天线一样。

3. 数字微波的馈线系统

馈线系统是指连接微波收、发信设备与天线的微波传输线和相关的微波器件。传输线及相关的微波器件可为同轴型馈线或波导型馈线。3 GHz 以下的微波系统大多采用同轴型馈线，而 3 GHz 以上则大多数采用波导型馈线。这里将要介绍馈线系统中所涉及的微波器件。

1) 阻抗变换器

阻抗变换器的作用是解决微波传输线与微波器件之间的匹配问题的，在通常情况下，同轴传输线的阻抗为 75 Ω，而与馈线相连的极化分离器和波道滤波器的输入输出阻抗为 50 Ω。为使其阻抗匹配，需采用阻抗变换器进行匹配。常用的同轴线阻抗变换器有直线渐变式和阶梯式两种。

直线式渐变式阻抗变换器的结构纵剖面如图 6-7 所示，在两端不同阻抗的同轴线之间，用外导体的内径直线连续渐变的方式进行阻抗变换。同轴线的特性阻抗与内外导体的

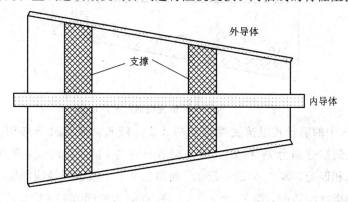

图 6-7　直线渐变式阻抗变换器结构剖视图

几何尺寸有关，即

$$Z_c = \frac{1}{2\pi}\sqrt{\frac{\mu}{\varepsilon}}\ln\frac{D}{d} \qquad (6-11)$$

式中 μ 为磁导率，ε 为介电常数。

可见，当内导体外径 d 固定时，同轴线特性阻抗 Z_c 与外导体内径 D 成对数正比。因此适当选择外导体的内径，就可以达到阻抗匹配的目的。假设内导体外径固定为 $d=7\ mm$，当左端外导体的内径 $D_1=24\ mm$ 时，由式（6-11）可得其特性阻抗 $Z_{c1}=75\ \Omega$；而右端外导体的内径取 $D_2=16\ mm$ 时，可得其特性阻抗 $Z_{c1}=50\ \Omega$。

阶梯式阻抗变换器的结构纵剖面如图 6-8 所示。在两端不同阻抗的同轴线之间，使用了两节长度分别为 1/4 波长、外导线内径呈阶梯变化、而内导体外径不变的同轴线。

已知，传输线的输入阻抗与其长度有关。假设传输线的长度为 l，相位常数为 α，特性阻抗为 Z_c，负载为 Z_o，则该传输线的输入阻抗为

$$Z_i = \frac{Z_o + jZ_c\ \tan\alpha l}{Z_c + jZ_l\ \tan\alpha l}\cdot Z_c$$

当 $l = \frac{\pi}{4}$ 时，有

$$\alpha l = \frac{2\pi}{\lambda}\cdot\frac{\lambda}{4} = \frac{\pi}{2}\ \tan\alpha l = \infty$$

因此

$$Z_i = \frac{Z_o^2}{Z_o}$$

或

$$Z_c = \sqrt{Z_i Z_o}$$

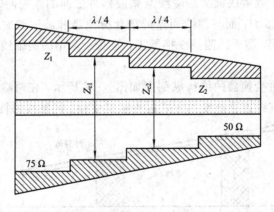

图 6-8　阶梯式阻抗变换器结构剖面图

假设图 6-8 中的阶梯式阻抗变换器其两节 1/4 波长同轴线外导体内径分别为 D_1 和 D_2，相应的特性阻抗分别为 Z_{c1} 和 Z_{c2}，且左端第一节 1/4 同轴线的输入阻抗与输入端所接同轴电缆的阻抗相匹配，即 $Z_{i1}=Z_1=75\ \Omega$。而第二节 1/4 波长同轴线的输出阻抗与输出端所接同轴电缆的阻抗相匹配，即 $Z_{o2}=Z_2=50\ \Omega$。同时为使两节 1/4 同轴线之间匹配，应有第一节 1/4 波长同轴线的输出阻抗等于第二节的特性阻抗，而第二节 1/4 波长同轴线的输

入阻抗等于第一节的特性阻抗，即 $Z_{o1}=Z_{c2}$、$Z_{i1}=Z_{c1}$。因此可建立以下联立式

$$Z_{c1}=\sqrt{Z_{i1}Z_{o1}}=\sqrt{Z_{i1}Z_{c2}}=\sqrt{75Z_{c2}}$$

$$Z_{c2}=\sqrt{Z_{i2}Z_{o2}}=\sqrt{Z_{c1}\times50}$$

解此方程可得

$$Z_{c1}\approx65\ \Omega,\ Z_{c2}\approx57\ \Omega$$

将 $Z_{c1}=65\ \Omega$、$Z_{c2}=57\ \Omega$ 以及 $d=7\ \text{mm}$ 代入公式(6-11)可计算得 D_1 和 D_2，即阶梯式阻抗变换器中两节 1/4 波长同轴线的外导体内径大小。

2) 收发共享器

每一个微波站的设备都有接收和发送两套系统，为了节省设备，常使收发系统共享一副天线，这就需要用收发共享器来实现。通常的收发共享器有环行器和极化分离器两种类型。

(1) 采用环行器的收发共享器。

如图 6-9 所示为采用环行器的收发共享器的基本结构图。通常这类共享器应用在收发采用同一频段两个不同波道的设备中。收信和发信频率信号可利用环行器分隔开。根据环行器的工作原理，当环行器的三个端口都匹配时，由发信机输出的信号将从右环行器的 1 端口进入，从 2 端口输出至天线，而不会由 3 端口输出进入接收设备；同样，由天线接收的信号从环行器的 2 端口进入，由 3 端口输出到接收设备，而不会从 1 端口输出到发信侧。从而实现收发公用一副天线，且收发信道之间是相互隔离的。

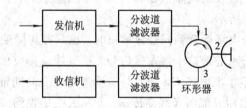

图 6-9　采用环行器构成的收发共享器基本结构图

在实际应用中，由于环行器的隔离性能一般只有 20～30 dB，为了进一步减小收发之间的相互串扰，通常在环行器与收发信机之间分别接入一个以该路频率为中心频率的带通滤波器。该滤波器应具有较高的选择性。

(2) 采用极化分离器的收发共享器。

图 6-10 给出了采用极化分离器收发共享器的结构图。这种共享器是利用无线电波的极化特性，将收发信微波处理成相互正交的不同极化形式电磁波，利用其正交性来实现收发信号之间的隔离。如发信信号采用水准极化(或垂直极化)，而收信信号则采用垂直极化(或水准极化)。

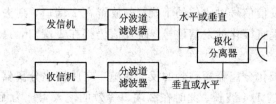

图 6-10　采用极化分离器的收发共享器方框图

极化分离器的基本结构如图 6－11 所示。图中为圆波导型极化分离器，其中一端接天线，另一端短路，与馈线相接的两个同轴接口相互垂直，在两接口之间安置有一块金属极化去耦板，有些极化分离器在接口 1、2 相对应的波导壁上加有匹配调谐螺钉。

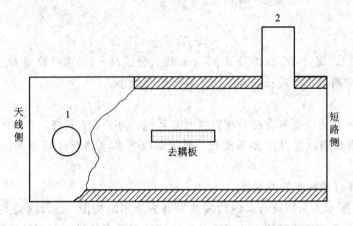

图 6－11　极化分离器

在同轴线中传播的电波是横电磁波，其电场方向与同轴线内导体垂直；而在圆波导中的电场方向必须与圆波导内壁垂直。当微波信号由同轴线接口激发圆波导时，根据理想金属表面电场分布边界条件，只有垂直分量存在，因此在圆波导内的电场必定与同轴线内导体平行。这样在圆波导上开设的同轴线接口 1 和 2 相互垂直，它们产生的电场在圆波导内也必然垂直，如图 6－11 所示。

同理，以圆波导中的电场耦合到同轴线接口时，也只有与同轴线内导体平行的电场才能输入至同轴线。因此若水准端口 1 接发信信号，垂直端口接收信信号，则发信输出微波信号在圆波导中激发产生水准电场 E，其方向与垂直端口 2 的同轴线内导体垂直，故发信信号不会进入到接收信道而只能向天线侧传输。而从天线接收到的垂直极化信号进入极化分离器后，在圆波导中只能激励出垂直电场 E_1，其方向与水准端口 1 的同轴线内导体垂直，因此收信信号不会进入发信端口 1，而只能送入垂直的收信端口 2。

极化分离器中的去耦板是为了进一步减小两不同极化信号之间的相互串扰。极化分离器中去耦板为水准放置。根据金属的边界条件，由于水准极化波的电场方向与去耦板相平行，因此不能透过去耦板，而垂直极化波则可以透过去耦板。因此发信端口 1 输出的水准极化信号将被去耦板隔离而不会传到接收端口 2，从而进一步提高了收发信号之间的隔离度。

值得一提的是，发信往往接在去耦板与天线之间的端口，即图 6－11 中的 1 端口，而不接在 2 端口，这是因为发信信号要比收信信号强得多，因此接在 1 端口可以利用去耦板进行阻挡，从而减小发信信号对收信的干扰；若放置在 2 端口，则去耦板将起不到阻挡的作用。当然若要获得垂直极化的发信信号，而发信仍接在 1 端口，只需将极化分离器旋转 90°即可。

另外，为了消除极化分离器短路侧的反射影响，应使极化分离器中 2 端口至短路侧的距离为信号中心频率的 1/4 波长。此时在 2 端口等效的输入阻抗为无穷大，因而信号的能量将不会向极化分离器的短路侧传输。

（3）多波道共享器。

一条微波线路通常允许多个波道同时工作，为了使同一方向上的多个波道实现共用一副天线，就得在各波道收发信机与馈线之间接入多波道共享器。目前的多波道共享器大多采用分、并波道滤波器，如图 6－12 所示，分波道滤波器用于收信，其作用是将天线接收到的多波道信号分离，送往各波道相应的接收设备；并波道滤波器则用于将各波道发信设备输出的信号进行合并再送往天线。

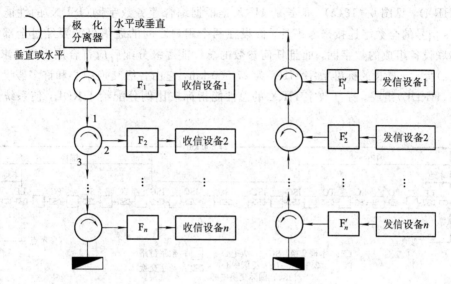

图 6－12　用分、并波道滤波器构成的多波道共享器

分、并波道滤波器在应用上是可逆的，因此统称为分波道滤波器。分波道滤波器一般由环形器和微波滤波器组成。其滤波器可以为波导型、同轴型或微带型等。一般情况下，使用滤波器频率较低时常采用同轴型，而较高时，常采用波导型或微带型。以收信为例，分波道滤波器的工作过程如下：

图 6－12 中的 F_1、F_2、…、F_n 分别为带通滤波器，带通滤波器通频带的中心频率等于波道的中心频率。由天线接收到的包含多波道的信号送到第一个环形器的 1 端口，并从端口输出，这时信号的第一波道信号可从带通滤波器 F_1 通过，被第一波道的收信机接收，而其他波道信号被反射回第一个环形器的 2 端口，并经此环形器从 3 端口输出。当这些信号经过第二个环形器时，将以同样的方式送到第二波道的收信机，而其余的信号将被反射回继续传向下一个环形器。这样余下频率成分的信号均以同样的方法逐个被送到各自的收信机中，从而完成了分波道的作用。

在分波道滤波器的使用上，要求在通带内插入的损耗尽可能小，群时延要平坦，而带外的截止特性要较陡。常用的分波道滤波器有契比雪夫型滤波器和线性相位滤波器。契比雪夫型滤波器的滤波性能较好，但群时延特性起伏比较大，常用于对时延无严格限制的场合。而线性相位滤波器利用了契比雪夫多项式的函数组合，其幅频特性既具有原契比雪夫型滤波器的特点，还具有相位特性线性化的特点。

6.2 数字微波通信系统设计

6.2.1 系统的主要性能指标

为进行系统性能研究，ITU－T建议中提出了一个数字传输参考模型，称为假设参考连接(HRX)，见图6-13(a)。最长的HRX是根据综合业务数字网(ISDN)的性能要求和64 kb/s信号的全数字连接来考虑的。假设在两个用户之间的通信可能要经过全部线路和各种串联设备组成的数字网，而且任何参数的总性能逐级分配后应符合用户的要求。如图6-13(a)所示，最长的标准数字HRX为27 500 km，它由各级交换中心和许多假设参考数字链路(HRDL)组成。标准数字HRX的总性能指标按比例分配给HRDL，使系统设计大大简化。

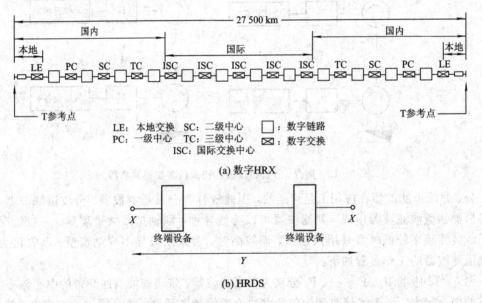

图6-13 标准数字假设参考连接HRX与假设参考数字段HRDS

建议的HRDL长度为2500 km，但由于各国国土面积不同，采用的HRDL长度也不同。HRDL由许多假设参考数字段(HRDS)组成，如图6-13(b)所示，在建议中用于长途传输的HRDS长度为280 km，用于市话中继的HRDS长度为50 km。我国用于长途传输的HRDS长度为420 km(一级干线)和280 km(二级干线)两种。

假设参考数字段的性能指标从假设参考数字链路的指标分配中得到，并再度分配给线路和设备。

6.2.2 信道设计

1. 误码率(BER)

误码率是衡量数字微波通信系统传输质量优劣的非常重要的指标，它反映了在数字传输过程中信息受到损害的程度。BER是在一个较长时间内的传输码流中出现误码的概率，它对话音影响的程度取决于编码方法。对于 PCM 而言，误码率对话音的影响程度如表 6-1 所示。

表 6-1　误码率对话音的影响程度

误码率	受话者的感受
10^{-6}	感觉不到干扰
10^{-5}	在低话音电平范围内刚察觉到有干扰
10^{-4}	在低话音电平范围内有个别"喀喀"声干扰
10^{-3}	在各种话音电平范围内都能察觉到有干扰
10^{-2}	强烈干扰，话音清晰明显下降
5×10^{-2}	几乎听不清

由于误码率随时间变化，用长时间内的平均误码率来衡量系统性能的优劣，显然不够准确。在实际监测和评定中，应采用误码时间百分数和误码秒百分数的方法。如图 6-14 所示，规定一个较长的监测时间 T_L，例如几天或一个月，并把这个时间分为"可用时间"和"不可用时间"。在连续 10 秒时间内，BER 劣于 1×10^{-3}，为"不可用时间"，或称系统处于故障状态；故障排除后，在连续 10 秒时间内，BER 优于 1×10^{-3}，为"可用时间"。

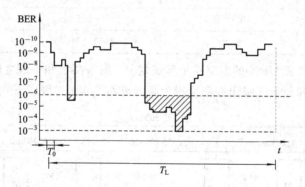

图 6-14　误码率随时间的变化

对于 64 kb/s 的数字信号，BER＝1×10^{-3}，相应于每秒有 64 个误码。同时，规定一个较短的取样时间 T_0 和误码率门限值 BER_{th}，统计 BER 劣于 BER_{th} 的时间，并用劣化时间占可用时间的百分数来衡量系统误码率性能。

对于目前的电话业务，传输一路 PCM 电话的速率为 64 kb/s。研究分析表明，合适的误码率参数和假设参考连接 HRX 的误码率指标如表 6-2 所示。

表 6-2　误码率参数和 HRX 的误码率指标

误码率参数	定义	指标	长期平均误码率
劣化分(DM)	BER 劣于 10^{-6} 的分数	＜10%	＜6.2×10^{-7}
严重误码秒(SES)	BER 劣于 10^{-3} 的分数	＜0.2%	＜3×10^{-6}
误码秒(ES)	BER≠0 的秒数	＜8%	＜1.3×10^{-6}

对三种误码率参数和指标说明如下：

(1) 劣化分(DM)：误码率为 1×10^{-6} 时，感觉不到干扰的影响，选为 BER_{th}。每次通话时间平均 3～5 min，选择取样时间 T_0 为 1 min。监测时间以较长为好，选择 T_L 为 1 个月。定义误码率劣于 1×10^{-6} 的分钟数为劣化分（DM）。HRX 指标要求劣化分占可用分（可用时间减去严重误码秒累积的分钟数）的百分数小于 10%。

（2）严重误码秒（SES）：由于某些系统会出现短时间内大误码率的情况，严重影响通话质量，因此引入严重误码秒这个参数。选择监测时间 T_L 为 1 个月，取样时间 T_0 为 1 s。定义误码率劣于 1×10^{-3} 的秒数为严重误码秒（SES）。HRX 指标要求严重误码秒占可用秒的百分数小于 0.2%。

（3）误码秒（ES）：选择监测时间 T_L 为 1 个月，取样时间 T_0 为 1 s，误码率门限值 $BER_{th}=0$。定义凡是出现误码（即使只有 1 bit）的秒数为误码秒（ES）。HRX 指标要求误码秒占可用秒的百分数小于 8%。相应地，不出现任何误码的秒数称为无误码秒（EFS），HRX 指标要求无误码秒占可用秒的百分数大于 92%。

表 6-3 所列出的是标准数字假设参考连接 HRX（27 500 km）的误码率总指标。为了设计需要，必须把总指标按不同等级的电路质量分配到各部分。

表 6-3　HRX 误码率总指标按等级分配

误码率指标	高级电路	中级电路	本地级电路
DM<10%	4%	2×1.5%	2×1.5%
SES <0.1%	0.04%	2×0.015%	2×0.015%
ES <8%	3.2%	2×1.2%	2×1.2%

图 6-15 示出最长 HRX 的电路质量等级划分，图中高级和中级之间没有明显的界限。我国长途一级干线和长途二级干线都应视为高级电路，长途二级以下和本地级合并考虑。

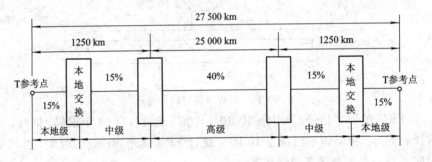

图 6-15　最长 HRX 的电路质量等级划分

表 6-4 的三项误码率指标监测时间为 1 个月，在工程验收时执行存在一定困难，通常采用长期平均误码率来衡量，监测时间为 24 h。假设误码为泊松分布，三项误码率指标都可以换算为长期平均误码率。

表 6-4　HRDS 高级电路误码率指标

误码率参数	1 km	280 km	420 km
DM	1.6×10^{-4}%	4.5×10^{-2}%	6.7×10^{-2}%
SES	1.6×10^{-4}%	4.5×10^{-2}%	6.7×10^{-2}%
ES	1.28×10^{-4}%	3.6×10^{-2}%	5.4×10^{-2}%

根据 ITU–T 的建议，对于 25 000 km 高级电路长期平均误码率 BER_{av} 至少为 1×10^{-7}，按长度比例进行线性折算，得到每公里 $\text{BER}_{\text{av}}=4\times10^{-12}/\text{km}$。所以 280 km 和 420 km 数字段的 BER_{av} 分别为 1.12×10^{-9} 和 1.68×10^{-9}，因此取 1×10^{-9} 作为标准。

我国长途光缆通信系统进网要求中规定：长度短于 420 km 时，按 1×10^{-9} 计算；长度长于 420 km 时，先按长度比例进行折算，再按长度累计附加进去。

设计值应比实际要求高 1 个数量级，即短于 420 km 数字段按 $\text{BER}_{\text{av}}=1\times10^{-10}$ 设计，50 km 中继段按 $\text{BER}_{\text{av}}=1\times10^{-11}$ 设计。

2. 可用性

可用性是数字微波通信系统信道设计时所要考虑的一个重要指标，它直接影响数字微波通信系统的使用、维护和经济效益。

可用性的表达式为

$$可用性 = 1 - 不可用性 = \frac{可用时间}{可用时间 + 不可用时间} \times 100\%$$

高级和中级假设参考链路（双向）的年可用性目标为 99.7%，即不可用时间不应超过一年的 0.3%，一般认为通信设备故障、电源故障、电波传播衰落造成的不可用时间各占 0.1%。

用户级假设参考数字链路（双向）的年可用性目标为 99.8%。

3. 数字微波的信道噪声与噪声指标分配

1) 数字微波的信道噪声

数字微波的信道噪声可分为 4 类：热噪声（包括本振噪声）、各种干扰噪声、波形失真噪声和其他噪声。

(1) 热噪声是指收信机的固有热噪声和收发本振热噪声。收信机的固有热噪声 $N = N_{\text{F}}KT_0B$。对收发本振源而言，热噪声主要由寄生调相噪声和寄生调幅噪声组成。

(2) 各种干扰噪声基本上可分为两大类：一类是设备及馈线系统造成的，例如回波干扰、交叉极化干扰等就属于这一类；另一类属于其他干扰，可认为是外来干扰。

① 回波干扰：在馈线及分路系统中，有很多导波元件，当导波元件之间连接处的连接不理想时，会形成对电波的反射。

② 交叉极化干扰：为了提高高频信道的频谱利用率，在数字微波通信中用同一个射频的两种正交极化波（即利用水平极化波和垂直极化波的相互正交性）来携带不同波道的信息，这就是同频再用方案。在这种方案中，如果两种正交极化波的正交性不足，则存在交叉极化干扰。

③ 收发干扰：在同一个微波站中，对某个通信方向的收信和发信通常是共用一副天线的，这样发支路的电波就可以通过馈线系统的收发公用器件（也可能通过天线端的反射）而进入收信机，从而形成收发支路间的干扰。

④ 邻近波道干扰：当多波道工作时，发端或收端各波道的射频频率之间应有一定的间隔，否则就会造成对邻近波道的干扰。

⑤ 天线系统的同频干扰：天线间的耦合会使二频制系统通过多种途径产生同频干扰，如图 6–16 所示。

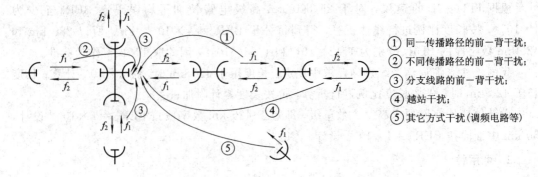

① 同一传播路径的前—背干扰；
② 不同传播路径的前—背干扰；
③ 分支线路的前—背干扰；
④ 越站干扰；
⑤ 其它方式干扰(调频电路等)

图 6-16　天线间耦合产生的同频干扰

2) 噪声指标的分配

(1) 载噪比的概念。

载噪比是指载波功率与噪声功率之比，通常用符号 C/N 表示。载噪比越低，误码率就越高，信道的传输质量也就越差。

(2) 噪声性质评价。

按噪声性质可将干扰分为固定恶化干扰、恒定恶化干扰和变化恶化干扰，对噪声干扰的这种分类法是与数字微波信道传播特点相适应的。

恒定恶化干扰是指与电波衰落无关的各种噪声，例如回波干扰、越站干扰、邻近波道干扰和本振噪声等。

4. 路由选择的基本要求

1) 断面选择

微波通信线路接力段的断面根据地形、气候等电波传播条件，可分为以下四种类型。

(1) A 型，其断面由山地、城市建筑物或两者混合组成，中间无宽敞的河谷和湖泊。

(2) B 型，其断面由起伏不大的丘陵地带组成，中间无宽敞的河谷和湖泊。

(3) C 型，其断面由平地、水网较多的区域组成。

(4) D 型，其断面大部分跨越水面或海面。

微波接力段的断面应尽量选择 A 型和 B 型，避免或尽量减少 C 型和 D 型。

2) 站距的选择

(1) 微波通信线路的站距应根据所用设备的各项参数、所经地区的地形、气候条件、天线高度、电波传播及所采取的技术措施等因素来确定。

(2) 各接力段原则上都应满足质量指标要求，个别特殊段允许比质量指标稍差一些，但全线路的质量指标应满足相关条款的规定，否则应考虑调整相应接力段的站距或采取其他技术措施。

5. 余隙标准

(1) 微波通信线路的每一个接力段，在所考虑的等效地球半径系数 K 值变化范围内，电波直射线与下方障碍物之间应有一定的余隙值。对单一障碍物，接力段的余隙值宜满足表 6-5 的要求。多障碍物的接力段的余隙值宜按 $K = K_{min}$ 计算，其由障碍物引入的电波绕射损耗值不大于 10 dB 和 $K = 4/3$ 时，保证接收电平值不小于自由空间条件下接收电平值的要求。

表 6-5　微波接力段余隙取值标准

K 值 余隙值要求 障碍物类型	K_{min}	4/3	∞	说　　明
刃型	$\geqslant 0$	$\geqslant 0.6F_1$	—	K：等效地球半径系数 F_1：第一费涅耳区半径 K_{min}：指仅 0.1% 时间内可以小于它的值
等效地面反射系数不小于 0.7 的光滑地面	$\geqslant 0.3F_1$	$\geqslant 0.6F_1$	$\leqslant 1.38F_1$	
其他	$\geqslant 0.3F_1$	$\geqslant 0.6F_1$	—	

（2）点对多点微波接力通信线路接力段电波射线除满足下方余隙要求外，其余各侧在天线远区的余隙值必须不小于 $3.5H_o$；抛物面天线在 $d < 17.1D^2/\lambda$ 范围内的余隙值必须满足天线近区的净空要求（d 为距天线的距离，D 为天线的直径，λ 为工作波长，H_o 为自由空间余隙）；全向天线必须满足天线近区的净空要求。其余各类天线的天线近区净空要求以尽可能减小天线近轴的副瓣电平反射为原则。

6. 天线高度

（1）天线高度的确定应满足接力段余隙标准的要求。当需要建立天线塔，尤其是需要建立较高的天线塔时，还应综合考虑馈线衰耗、天线塔的经济合理性及施工维护的方便。

（2）抛物面天线高度的确定应能满足天线近区的净空要求，如图 6-17 所示。

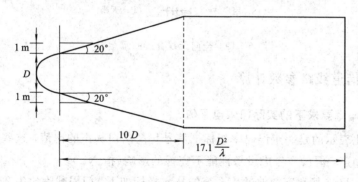

图 6-17　抛物面天线近区净空要求示意图

（3）全向天线高度的确定应能满足天线近区的净空要求，如图 6-18 所示。

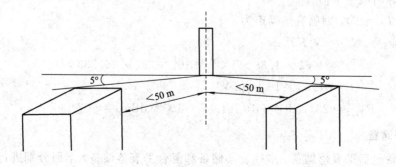

图 6-18　全向天线近区净空要求示意图

（4）确定天线高度时应尽可能控制电波射束反射点不要落入水面及反射系数较大的区域。

（5）距全向天线或宽射束天线较近的中继站或用户站有可能落入全向天线或宽射束天线覆盖的盲区之内，如图 6-19 所示。全向天线或宽射束天线高度的确定应兼顾相关各站的要求，否则应采取其他措施予以克服。

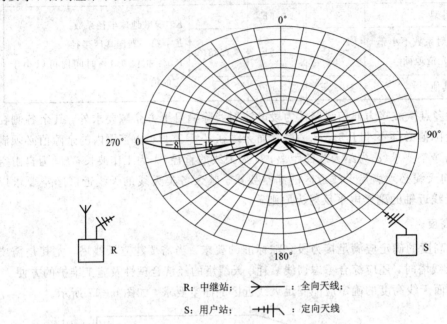

R：中继站；　　　：全向天线；

S：用户站；　　　：定向天线

图 6-19　全向天线盲区的示意图

6.2.3　微波信道线路参数计算

1. 一定误码率要求下的实际门限电平值

理论载噪比表示的是一定误码率指标下信号与高斯白噪声的比值，这些噪声包括热噪声和各种干扰噪声，但没有考虑设备性能不完善的影响（指 $N_{固}$）。

【例 6-1】 已知某数字微波通信系统的技术指标如下：门限载噪比为 23.1 dB（没有考虑固定恶化成分），接收机噪声系数为 1.62，接收机的等效带宽为 25.833 MHz，试计算出该系统的实际门限电平值。

解 取 $T_0 = 290$，则固有热噪声为

$$N_{固} = N_F K T_0 B$$
$$= 1.62 \times 1.38 \times 10^{-23} \times 10^3 \times 290 \times 25.833 \times 10^6$$
$$= 1.67 \times 10^{-10} (\text{mW})$$
$$[P_{r门}] = 23.1(\text{dB}) + 10 \lg 1.67 \times 10^{-10} (\text{dBm}) = -74.67 \text{ dBm}$$

2. 衰落储备

衰落储备包括平衰落储备、多径衰落储备和复合平衰落储备，下面分别进行介绍。

（1）平衰落储备是指频带内的各种频率分量所受到的衰减近似相等的衰落。

（2）多径衰落储备指当宽带信号经多径传播时，由于所传输的路径不同，因此信号到达接收端的时延不同，从而造成相互干扰，使得带内各频率分量受到的衰减程度不同，这就是多径衰落储备。

（3）复合平衰落储备指在采用空间分集技术的系统中，由于接收信号分别经过主接收系统和分接收系统，然后被送入中频合成器进行同相合成，此时系统的衰落特性就得到了改善，我们称通过空间分集而改善的特性为复合平衰落储备 M_{fc}，可用下式计算：

$$M_{fc} = Max(M_{f1}, M_{f2}) + 3 + 10\lg\left(1 + 10 - \frac{d_{12}}{10}\right)$$

其中 M_{f1}、M_{f2} 分别表示两个分集接收系统的平衰落储备，而 $Max(M_{f1}, M_{f2})$ 则代表取两者中间最大的数值，d_{12} 表示两个分集系统的天线收信电平差。

3. 衰落概率指标分配

数字微波传输信道是以高误码率作为设计指标的，所以这里所指的分配当然是指高误码率时对应的衰落概率指标分配。

1）不同信道的衰落概率分配

（1）电话传输信道。

当一条实际微波电路的总长为 d 公里时，则该电路分配允许的衰落概率指标不得超过：

$$P_x = 0.054\% \times \frac{d}{2500}$$

（2）数据传输信道。

当实际电路长度为 d 公里时，其允许的衰落概率指标不得超过：

$$P_x = 0.01\% \times \frac{d}{2500}$$

2）衰落概率的估算

在大容量的数字微波通信系统中，影响衰落概率指标的因素有平衰落和频率选择性衰落，因此系统的衰落概率 P_m 可以用平衰落引起的衰落概率 P_{mf} 和频率选择性衰落引起的衰落概率 P_{ms} 来表示，即

$$P_m = P_{mf} + P_{ms}$$

（1）平衰落所引起的衰落概率 P_{mf}。

我国在确定衰落概率时是根据 ITU 的规定所制定的，以以下经验公式进行计算

$$P_{mf} = KQ \cdot f^B \cdot d^C \cdot 10^{-\frac{M_f}{10}}$$

式中，常数 K、Q、B、C 是与当时的气象、季节、地理环境相关的因素。

（2）频率选择性衰落引起的衰落概率 P_{ms}。

当存在多径衰落时，由于不同路径的信号，其传输时延不同，会对主信号构成干扰，而且 M_f 越小，造成系统瞬间中断的概率（即衰落概率）越高。

6.2.4　微波通信站的防雷、接地

1）雷电入侵的主要途径

对于微波通信站，需要充分考虑雷电的入侵方式，只有这样才能有针对性地进行雷电

防护，而雷电入侵的主要途径有：雷电直击微波塔上的避雷针（或者消雷器等其他受雷装置），雷电电流经铁塔、地网入大地，地电位升高，对设备反击，损坏通信设备；雷电经天馈线引入机房，经机架入地，同轴电缆上产生感应电压，侵入并损坏微波机；通信机房外接的音频电缆遭雷击，雷电电流通过音频电缆入侵损坏通信设备；室外交流电源线遭雷击，过电压入侵电源室，通过电源室进一步侵入通信设备。在避雷针、音频电缆、交流电源线遭雷击后，一般要通过防雷装置向地泄放电流，在这个过程中，会在周围形成强大的磁场，这一磁场会感应出过电压侵入并损坏通信设备。

雷击情况是多样化的，以上几个方面只是雷击的主要形式，并未代表全部。所以需要依据通信站实际，认真分析雷击途径的多种可能，主动防雷。

2）雷击的一般特点

通过对以往一些通信站雷击情况的资料分析，可以得出以下一些比较普遍的雷击特点。

① 电源侧雷击率要高。这是因为为了可靠，一般微波站都采用 10 kV 电源供电。但这为雷害提供了一个重要的入侵途径，若通信站接地情况稍不好，极易遭雷击。

② 高山微波站雷击率高。这主要是因为此类通信站地处高山，海拔较高，地质条件恶劣、接地电阻高，受雷击的可能性较大。

③ 地质条件差的微波站防雷难度大，防雷最有效的办法就是降低接地电阻，接地电阻越小越好。但是地质条件恶劣的通信站，接地电阻较大，且不易解决。

④ 遭雷击的通信站，防雷措施一般都不完善。

3）防雷方案

通常来说，通信站防雷的基本思路是建成并完善均压接地网，最大限度降低站内设备的电压差。为了防止雷电危害通信和人身安全，首先应将微波站的接地系统按照均压等电位理论改造设计，将微波机房防雷接地铁塔接地，交流变压器接地，电力、通信引入电缆外层接地，组成联合的大接地网。对微波站进行不同程度的完善和改造，主要可从以下几个方面入手。

（1）天馈线防雷。

① 完善微波天线防雷击的保护措施。天线铁塔设避雷针，并经 25 mm² 的铜线直接入地，使雷电电流沿最短路径接入接地网，这样塔上的天线都在其保护范围内，免受雷电，而且使天线引下线都多点接地。

② 天线铁塔和机房之间装设支撑电缆的金属过桥或悬挂电缆的钢绞线。过桥和钢绞线在电气上与铁塔连通，在电缆进入机房外侧时，将过桥和钢绞线、电缆外护层连在一起，并通过最短路径与接地网相连，尽可能减小经天馈线进入机房的雷电电压幅值。

③ 塔灯电源铠装钢带屏蔽层采用多点接地，并在机房入口处对地加装氧化锌无间歇避雷器，并将零线接地。

（2）机房防雷。

首先，设置防直击雷的保护措施，如在房顶设置避雷带；其次，在机房设置防雷击的保护措施，在机房内设接地汇流排并使机房接地网和微波塔接地网互联。

（3）电源引入线防雷。

在配电变压器的高低压侧都安装避雷器，在低压架空线路和终端杆上安装避雷器。

（4）交直流电源防雷。

交流零线与机房接地母线连接，电源室电源屏的交流输入前装设防雷柜等，在交流输入端装设避雷器。直流输出电源采用屏蔽电缆，屏蔽层两端接地。直流电源正极线在电源输出端、机房配电屏输入端分别连接接地母线、直流电源负极端线。在机房配电屏输入端加装压敏电阻。

6.3　大容量微波通信系统

随着通信业务量的增长，小容量的微波通信系统已经不能满足通信业务的需求，随着SDH（同步数字序列）技术的出现及应用，SDH 成为大容量微波通信系统的技术标准。SDH 是新一代数字传输体制，应用于微波通信、卫星通信中，目前已建立了一套全新的基于 SDH 的微波和卫星网络。由于 SDH 技术在微波和卫星通信中的应用遵循基本相同的原理，因此，这里仅就 SDH 的微波传输加以论述。

6.3.1　SDH 技术的应用特点

SDH 技术在应用中呈现出如下的特点：

（1）传输容量大。

目前数字微波中继通信系统的单波道传输速率可达 300 Mb/s 以上，但是为了能够适应 SDH 传输速率的要求，可通过采用适当的调制方法来提高频率的利用率。现在多数情况下是采用多级调制的方法来达到此目的。但多级调制方法对波形形成技术的要求很高，按照目前的技术手段，系统的误码率会增加。为保证系统的误码性能能够满足技术指标的要求，需要在系统中采用差错编码技术，以降低系统的误码，从而满足 SDH 传输速率的要求，提高系统传输容量。

（2）通信性能稳定。

由于采用了自适应均衡、中频合成和空间分集接收以及交叉极化消除等技术，SDH 可进一步消除正交码间干扰及多径衰落的影响，从而达到完善系统性能的目的。

（3）投资小、建设周期短。

在微波通信中，由于采用的是无线通信方式，又因为地球曲率的影响，故要求每隔50km 左右建立一个微波接力站。而光纤通信则是典型的有线通信方式，铺设光缆的投资成本大，所需人力多，建设周期长。与之相比，微波系统具有投资少、建设周期短等优点。

（4）便于进行运行、维护、管理操作。

在 SDH 帧结构中，为运行、维护、管理提供了大量的开销，因而，当 SDH 技术应用于微波通信时，还要加入专用的微波开销字节。当然，可利用这些开销进行运行、维护和管理操作及开展微波公务等。

6.3.2　主要应用技术

随着电信业务需求的不断增加，光纤传输容量也随之迅速增加。与之相比，功率、频率受限的数字微波通信系统的容量太小，因而，寻找功率/频率同时被有效利用的调制技术成为通信系统设计、研究的主要方向。为此，出现了格型编码调制技术，它将纠错编码与调制技术有机地结合起来，能够取得很高的功率/频谱利用率，满足电信业务发展的需要。

1. 多级编码调制技术

根据 ITU - R 建议，我国在 4～11 GHz 频段采用的波道间隔大都在 28～30 MHz 及 40 MHz。由于 SDH 的传输容量很大，因而，要在有限的频带内传输 SDH 信号，必须采用高状态(多级)调制技术。SDH 微波和 PDH 微波在相同的波道间隔下，所需调制状态数的区别如表 6 - 6 所示。

表 6 - 6 SDH 微波和 PDH 微波所需调制状态数的区别

波道间隔	SDH 微波		PDH 微波
	155 Mb/s	2×155 Mb/s	140 Mb/s
40 MHz	32QAM 64QAM	32QAM(cc) 64QAM(cc) 512QAM	16QAM
28～30 MHz	128QAM 256QAM	128QAM(cc) 256QAM(cc)	64QAM

注：表中(cc)表示采用交叉极化干扰抵消技术实现交叉极化同波导传输方式。

2. 微波帧复用技术

在不同的微波通信系统中，可以使用不同的微波帧结构，而具体到微波帧结构的选择又与 SDH 同步传输模块的速率、所插入的微波帧开销比特速率以及调制方式等因素有关。

1) STM - 1 微波帧结构

根据微波信道的带宽，STM - 1 同步传输模块可以采用多级编码的 64QAM 或者 128QAM 调制(MLCM)，或者采用 128QAM 的四维网格编码调制(4D - TCM)，但它们的帧结构存在较大的不同。

(1) MLCM 的帧结构。

用于多级编码 64QAM 和 128QAM 的 STM - 1 的微波帧附加开销如图 6 - 20 所示。从图中可以看出，MLCM 微波帧结构是在原 STM - 1 帧结构的基础上，增加了用于纠错编码、微波公务、旁路业务和系统控制的微波附加开销(RFCOH)，具体内容如下：

① MLCM(多级纠错编码监督位)：用于多级编码而增加的监督码位，其速率为 11.84 Mb/s。

② WS(旁路业务)：在微波帧结构中共包括用于旁路业务的 30 路的 PCM 信号，其标准速率为 2.048 Mb/s。为了能够与主数据系统使用同一时钟，可采用正码速调整，将 2.048 Mb/s 速率变换为 2.24 Mb/s，并送入微波复接电路。

③ RSC(微波公务控制信号)：在微波帧结构中共包括 13 路用于微波业务和控制的信号，因每路传输速率为 64 kb/s，那么 13 路的总速率应为 832 kb/s。当经码速调制后，则速率变换为 864 kb/s。

④ ID(路径识别)：用于区别不同微波波道，速率为 32 kb/s。

⑤ XPIC(正交极化干扰抵消器远端复位)：在 SDH 微波传输条件下，为了提高天线信道的频谱利用率，在同波道上采用了交叉极化频率再用技术，这会增加交叉极化波间的干

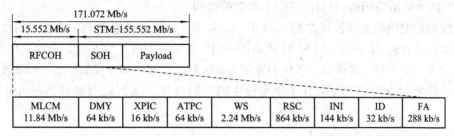

RFCOH：微波附加开销；　　　MLCM：多级纠错编码监督位；　XPIC：正交极化干扰抵消器远端复位；
RSC：微波公务控制信号；　　　INI：切换命令；　　　　　　　ID：路径识别；　FA：帧同步码；
ATPC：自适应发信功率控制；　Payload：净负荷；　　　　　　WS：旁路业务；　DMY：空白

图 6-20　MLCM 微波帧附加开销示意图

扰。为减少这种干扰，在系统的远端引入了交叉极化干扰抵消器，XPIC 比特正是用于完成交叉极化干扰抵消器远端复位功能，其速率为 16 kb/s。

除上述开销外，还有 INI（切换命令），FA（帧同步码），ATPC（自适应发信功率控制）和 DMY（空白）比特。微波帧附加开销共占用 243 B(9 行×27 列)，其数据率达 155.52 Mb/s，这样使一个 SDH 微波帧共包含 2673（= 243 + 270 × 9）B，其微波传输数据速率为 171.072 Mb/s。

在 SDH 帧结构中，使用了以字节为基础的块状结构，具有确定的排列次序，而在微波帧结构中却是以比特位为基础。如图 6-21 所示，它是将每一帧的微波附加开销和原有 STM-1 帧数据排列组合成一个共 6 行的方阵复帧，每行包含 3.564 kb。每一个复帧又可分为两个子帧，其宽度为 1.776 kb，由 148 个码字组成，而每个码字的宽度为 12 bit。其中，C_1 和 C_2 为二级纠错编码监督位，通常第一级使用卷积码，第二级使用奇偶校验码。在一个复帧中总共用 1480 bit 作为多级纠错编码监督位，因而 MLCM 的速率为 11.84 Mb/s。在一个复帧中除上述两个子帧外，还包括两个宽度为 6 bit 的帧同步码字(FS)。

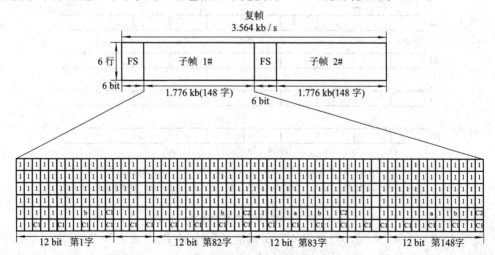

FS：帧同步码字；C1：第一级纠错编码监督位；C2：第二级纠错编码监督位；
1：STM-1信息比特；a、b：微波帧其它附加开销

图 6-21　微波帧结构

（2）四维网格编码调制（4D-TCM）微波帧结构。

四维网格编码调制微波帧结构如图 6-22 所示。从图中可以看出，该帧采用块结构，并且每帧包含 6 行 2208 列。与 SDH 帧结构不同，其每一个单元为 1 bit。通常人们将一个微波帧分为 6 个子帧，这样每个子帧的宽度为 368 bit。如果以 6×46 bit 为一个码字，那么每一个子帧将包含 8 个码字，其中每个码字的首列将作为微波帧附加开销，如图 6-23 所示。

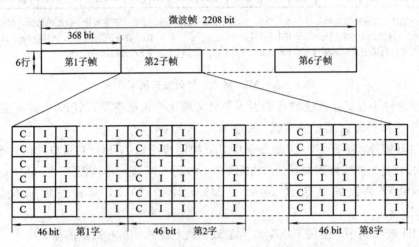

C：微波帧附加开销；I：STM-1 的信息比特

图 6-22　4D-TCM 微波帧结构

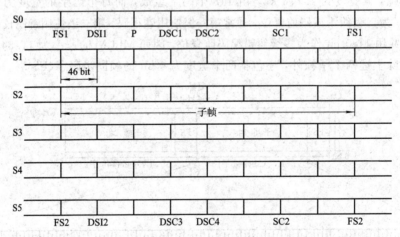

FS1、FS2：帧同步码；SC：监控信息比特；P：奇偶校验码；
DSI：倒换信息比特；DSC1~DSC4：数字公务信息比特；S1~S4：旁路业务信息比特

图 6-23　微波开销的用途及插入位置

如图 6-23 所示，在第 1 行和第 6 行所对应的每个码字（微波附加开销）中，都标示出所插入的微波开销的用途，未加以标示的开销可做其他用途，而中间的四行则全部用于插入旁路业务。

该微波帧的中频为 12 kHz，这样经计算可知，一帧中所插入的微波帧附加开销为

$6 \times 8 \times 6 = 288$ bit，那么附加开销的传输速率将达到 3.456 Mb/s($=288 \times 12 \times 103$ b/s)。

2) STM-4 微波帧结构

STM-4 微波帧结构如图 6-24 所示。通常在使用此种结构的微波设备中，采用 512 梯形 QAM 作为其数字调制方式。

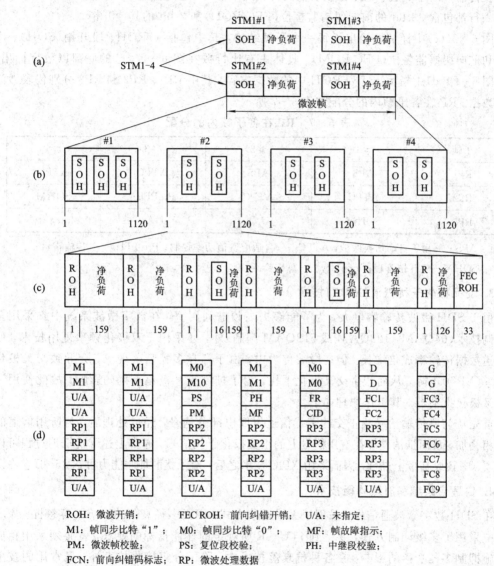

ROH: 微波开销；　　　FEC ROH: 前向纠错开销；　　U/A: 未指定；
M1: 帧同步比特"1"；　　M0: 帧同步比特"0"；　　　MF: 帧故障指示；
PM: 微波帧校验；　　　　PS: 复位段校验；　　　　　　PH: 中继段校验；
FCN: 前向纠错码标志；　　RP: 微波处理数据

图 6-24　STM-4 微波帧结构

(1) STM-4 帧结构。

SDH 微波传输中的一个 STM-4 帧是由两个 2×STM-1 的帧结构构成，并且是通过两个不同的微波信道传输的，如图 6-24(a)所示。因而人们通常将两个 STM-1 帧排列在一个微波复帧中。

(2) 复帧结构。

在一个微波复帧中，包含了两个 STM-1 帧结构，即每行包含 540 个字节，共 4320

bit，为了便于管理，通常又将其分为四个子帧。

子帧结构如图 6-24(b)所示，每个子帧的每一行包含 1120 bit，这样一个复帧的每一行共包含 4480 bit，这将比图 6-24(a)中所示的每一行比特数多出 160 bit。这些比特可以在微波传输中用于通道管理、控制所需的开销(ROH)。其分配如图 6-24(c)所示，每一帧的每一行都包含 33 bit 的前向纠错监督位(FEC ROH)和 7 bit 的其他开销。

图 6-24(c)中详细地给出了每一个子帧结构，其中包括了 ROH、段开销(SOH)、净负荷和前向纠错监督位(FEC ROM)。具体占有比特数在图 6-24(c)的底部以数字标出，并在图 6-24(d)中指示出 7 列 ROH 中的数据内容，其中 RP1、RP2 和 RP3 分别代表微波处理数据。RP 在各子帧内的分配如表 6-7 所示。

表 6-7 RP 在各子帧内的分配

子帧	#1	#2	#3	#4
RP1	APS	APS	ATPC	ATPC
RP2	ATPC	ATPC	ProPFlag	SOHM
RP3	SOHM	U/A	U/A	Integrity

注：APS——用于自动切换保护；ATPC——自适应发信功率控制；Pro PFlag——传输指示；
SOHM——开销管理；Integrity——总校验。

3. 交叉极化干扰抵消(XPIC)技术

由于 SDH 微波传输容量大，为了能够提高频谱利用率，在数字微波系统中除采用多级调制技术(64QAM，128QAM 或 512QAM 调制)外，还采用了双极化频率复用技术，使单波道数据传输率成倍增长。但在微波传输中，由于存在多径衰落现象，会导致交叉极化鉴别率(XPD)下降，从而产生交叉极化干扰。为了抑制交叉极化干扰的影响，故此使用一个交叉极化抵消器。其工作原理如下：

首先从与所传输信号相正交的干扰信道中取出部分信号，经过处理后，与所用信道的信号相叠加，从而抵消叠加在有用信号上的正交极化干扰信号。通常上述干扰抵消过程可以在射频、中频或基带上进行，因而采用 XPIC 技术之后，对干扰的抑制能力可达 15 dB 左右。

4. 自适应频域和时域均衡技术

在 SDH 数字微波通信中，采用了无线通信方式，因而多径衰落的影响不容忽视。加之系统中采用了多级调制方式，要达到 ITU-R 所规定的性能指标的要求，就必须采用相应的措施抑制多径衰落的影响。在各种抗衰落技术中，除了分集接收技术外，最常用的技术是自适应均衡技术，包括自适应频域均衡和自适应时域均衡技术。

频域均衡主要是利用中频通道中所插入的补偿网络的频率特性来补偿实际信道频率特性的畸形，从而达到减少频率选择性衰落的影响。自适应时域均衡则用于消除各种形式的码间干扰、正交干扰以及最小相位和非最小相位衰落等。

本 章 小 结

本章讨论了微波通信系统的结构，包括收发信系统、天馈线系统以及主要性能参数；

涉及数字微波通信系统的信道设计以及线路参数的估计；并介绍了 SDH 数字微波系统的主要特点以及采用的关键技术。

（1）数字微波通信系统由微波通信站组成。通信站包括了发信系统、收信系统和天馈线系统。发信系统多采用变频式架构、收信系统多采用外差式架构；天线以面天线为主，馈线则采用波导架构。

（2）噪声系数是收信系统的主要性能参数之一，其值主要取决于系统的前几级功能模块的插损指标和噪声系数的大小。在工程上，当 FET 放大器增益较高时，整机的噪声系数可近似地等效为输入的带通滤波器的传输损耗与 FET 放大器之和。

（3）微波收发信机常用的天线包括抛物线天线和卡塞格伦天线。在 3 GHz 以下系统中，馈线多采用同轴型结构；3 GHz 以上，则大多数采用波导型结构。馈线系统由阻抗变换器、收发共享器组成。

（4）数字微波系统的设计和研究需依据 ITU－T 建议的数字传输参考模型，即假设参考连接（HRX）。

（5）数字微波系统的信道设计涉及误码率指标、可用性、噪声指标分配、路由选择、余隙及天线高度等。信道线路的参数包括一定误码率要求下的实际门限电平值、衰落储备以及衰落概率指标分配。

（6）防雷和接地设计是微波通信站设计中不可或缺的一部分。

（7）SDH 技术在数字微波系统中的关键技术包括多级编码调制技术、微波帧复用技术、交叉极化干扰抵消（XPIC）技术以及自适应频域和时域均衡技术。

习　　题

6-1　画出变频式发信机的组成方框图，简述各部分电路的工作原理以及主要技术指标对通信质量的影响。

6-2　画出外差式收信机的组成方框图，简述各部分电路的工作原理以及主要技术指标对通信质量的影响。

6-3　描述抛物线天线和卡塞格伦天线各自的结构特点，比较其性能的优缺点。

6-4　描述直线渐变式阻抗变换器和阶梯式阻抗变换器的结构特点，比较其性能特点。

6-5　数字微波的高级假设参考数字链路误码率指标是如何规定的？任意线路长度的数字微波电路，其误码率指标又是如何确定的？

6-6　已知某数字微波通信系统在不考虑固定恶化成分的前提条件下门限载噪比为 26.5 dB，接收机噪声系数为 1.83，接收机的等效带宽为 28.65 MHz，试计算出该系统的实际门限电平值。

6-7　说明 SDH 数字微波通信系统的主要特点和关键技术，画出 STM-4 的帧结构图，并加以说明。

第7章 卫星通信系统设计

7.1 卫星通信系统的组成

卫星通信系统由通信卫星、通信地球站分系统、跟踪遥测及指令分系统和监控管理分系统等四大功能部分组成,如图7-1所示。

其中的跟踪遥测及指令分系统是对卫星上的运行数据及指标进行跟踪遥测,并对在轨卫星的轨道、位置及姿态进行监视和校正。监控管理分系统对在轨卫星的通信性能及参数进行业务开通前的监测和业务开通后的例行监测与控制,以保证通信卫星的正常运行和工作。通信卫星主要由天线分系统、通信分系统(转发器)、遥测与指令分系统、控制分系统、温控分系统和电源分系统组成,各部分的功能后面再作介绍。地面跟踪遥测及指令分系统、监控管理分系统与空间相应的遥测及指令分系统、控制分系统并不直接用于通信,而是用来保障通信的正常进行。

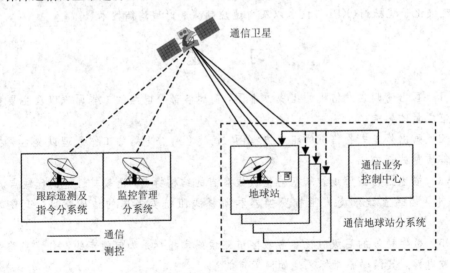

图7-1 卫星通信系统的组成

7.1.1 通信卫星

通信卫星的基本功能是为各个相关的地球站转发无线电信号,以实现多址的中继通信。同时,通信卫星还应具有一些必要的辅助功能,以保证通信任务可靠地进行。

一般来说,通信卫星主要由天线分系统、通信分系统、遥测与指令分系统、控制分系统、温控分系统和电源分系统等六大部分组成,如图7-2所示。

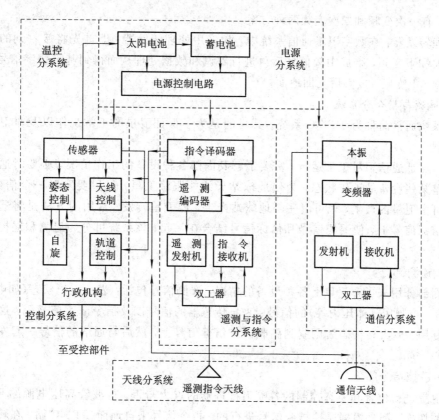

图 7 - 2　通信卫星的组成框图

1) 天线分系统

卫星天线有两种类型：一类是用于遥测、遥控和信标信号的全向天线，接收地面的指令和向地面发送遥测数据。这种天线常用鞭状、螺旋形、绕杆式或套筒偶极子天线，属于高频或甚高频天线。另一类是通信用微波定向天线，按其波束宽度不同，可分为全球波束、点波束和区域波束等。对于通信天线来说，最主要的是使其波束始终对准地球上的通信区域。但是，由于卫星本身是旋转的，所以要在卫星上采用消旋装置(机械的或电子的)。机械消旋是使安装在卫星自旋轴上部的天线进行与卫星自旋方向相反的机械旋转，且旋转速度与卫星自旋速度相等，从而保证天线波束指向不变。电子消旋是利用电子的方法使天线波束作与卫星自旋方向相反、速度相等的旋转。当采用三轴稳定方式时，星体本身不旋转，故无须采用消旋天线。

2) 通信分系统

卫星上的通信系统又叫转发器或中继器，它实质上是一套高灵敏度及宽频带的收、发信设备。它的主要作用是对需要转发的输入信号进行接收、放大、变频并再次发射。卫星上可能有若干个转发器，每个转发器覆盖一段频段。对转发器的基本要求是工作可靠，附加噪声和失真要小。

转发器是通信卫星的核心，它通常分为透明转发器和处理转发器两种基本类型。

透明转发器：所谓透明转发器是指它接收地面发来的信号后，只进行放大、变频、再放大后发回地面，对信号不进行任何加工和处理，只是单纯地完成转发任务。按其变频次数区分，有一次变频和二次变频两种方案。

处理转发器：在数字卫星通信系统中，常采用处理转发器。即首先将接收到的信号经微波放大和下变频，变成中频信号后再进行解调和数据处理从而得到基带数字信号，然后再经调制、上变频、放大后发回地面。

3）遥测与指令分系统

该系统通常简称为 TT&C 系统。其目的是为了保证卫星的正常工作以及对卫星进行远程控制。

为了保证通信卫星正常运行，需要了解其内部各种设备的工作情况，必要时通过遥控指令调整某些设备的工作状态。为使地球站天线能跟踪卫星，卫星要发射一个信标信号。此信号可由卫星内产生，也可由一个地球站产生，经卫星转发。常用的方法是将遥测信号调制到信标信号上，使遥测信号和信标信号结合在一起。该系统可分为遥测和遥控指令两个部分。

（1）遥测部分。

遥测部分用来了解卫星上各种设备的情况，遥测信号包括：表示工作状态（如电流、电压、温度、控制用气体压力等）的信号、来自传感器的信号以及指令证实信号等。这些信号经多路复用、放大和编码后调制到副载波或信标信号上，然后与通信的信号一起发向地面监测中心。

（2）遥控指令部分。

对卫星进行位置和姿态控制的各喷射推进器的点火与否，行波管高压电源的开、关以及部件的切换，都是根据遥控指令信号进行的。指令信号来自地面 TT&C 站，在转发器中被分离出来，经检测、译码后送到控制机构。

4）控制分系统

它包括两种控制设备，一是姿态控制，二是位置控制。姿态控制是使卫星对地球或其他基准物保持正确的姿态。对同步卫星来说，姿态控制主要用来保证天线波束始终对准地球以及使太阳能电池帆板对准太阳。

位置控制是用来消除摄动的影响，以便使卫星与地球的相对位置固定。位置控制是利用装在星体上的气体喷射装置，由 TT&C 站发出指令进行工作的。

5）温控分系统

对于通信卫星内部，会因为行波管功率放大器和电源系统等部分产生热量而升温，另外，当卫星受到太阳照射时和运行到地球阴影区时，两者的温度差别非常大而且变化极为频繁。而通信卫星上的通信设备，尤其是本振设备要求温度恒定，否则会影响卫星发射的载波频率的稳定度，进而影响通信质量。温控分系统的设置就是为了控制卫星各部分温度，保证卫星上各种仪器设备正常工作。

控制卫星的温度可以采用涂层、绝热和吸热等消极的温度控制方法，也可以利用双金属簧片应力的变化来开关隔栅，利用热敏元件来开关加热器或制冷器，即积极的温度控制方法。

卫星上的温度通过温度传感器反映给卫星的遥测指令分系统，由遥测指令分系统的编码器编成遥测信号，发给地面的卫星控制中心。控制中心根据所得到的卫星温度状态，在必要时发出控制卫星温度控制分系统的指令信号，去控制卫星的温度，以恢复或保持预定的温度。

　6) 电源分系统

　对通信卫星的电源除要求体积小、重量轻和寿命长之外，还要求电源能够在长时间内保持足够的输出。常用的电源有太阳能电池、化学能电池和原子能电池。目前，仍以太阳能电池和化学能电池为主。正常情况下使用太阳能电池，当卫星进入地球的阴影区时，则使用化学能电池。

7.1.2　卫星通信地球站

　通信地球站有固定站(大、中、小型)、可搬移站、移动站(如舰载、车载、机载)等不同类型。它一般由天线系统、发射系统、接收系统、信道终端系统、通信控制分系统和电源系统六大部分组成。标准地球站的总体框图如图 7-3 所示。

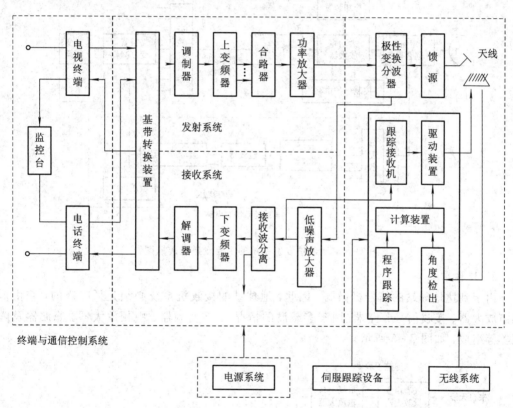

图 7-3　标准地球站总体框图

　1) 天线系统

　天线系统包括天线、馈源及伺服跟踪设备。根据地球站天线的口径大小可将地球站划分为大、中、小三种站型。大型标准地球站采用卡塞格伦天线，其抛物面直径达 30 m，增益达 60 dB，半功率点波束宽度约为 0.18°。小口径天线则采用环焦天线。

　地球站天线的基本特点：收发共用一副天线，具有高增益、低旁瓣和低的天线接收噪声温度。

　大型地球站主要的问题是使波束如此窄的天线始终瞄准卫星。调整天线指向的问题分为定向和跟踪两个方面。所谓定向，是指天线对卫星的初始捕获，其方法有人工和程序定向，这是根据预知的卫星轨道和位置数据通过人工或计算机来调整天线指向，其精度一般是不高的，且不能连续地实施调整。所谓跟踪，是指保持已经瞄准的方向。为使天线波束始终瞄准卫星，以保证接收信号达到最大值，就需要一套自动跟踪设备。

2）发射系统

在标准地球站中，要提供几百瓦至几千瓦的大功率射频信号，发往卫星。而且为了进行多址通信，一个地球站可能要同时发射多个载波。因此发射系统应满足大功率、宽频带、多载波、高频率稳定度、可靠工作的要求。

图 7-4 是发射系统主要设备组成框图。它由上变频器、大功率放大器、激励器、发射波合成器及自动功率控制电路等组成。

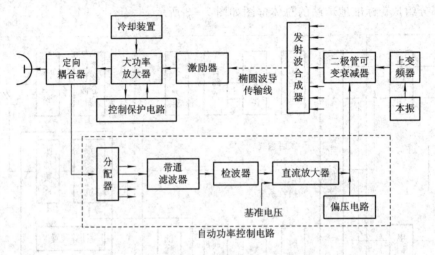

图 7-4　地球站发射系统的主要设备组成框图

3）接收系统

由于到达地球站的信号极微弱，因此，地球站的接收机系统必须是低噪声的，它由低噪声放大器、接收信号分路器（用于多载波的情况）、下变频器、中频放大器、滤波器及解调器等组成，如图 7-5 所示。

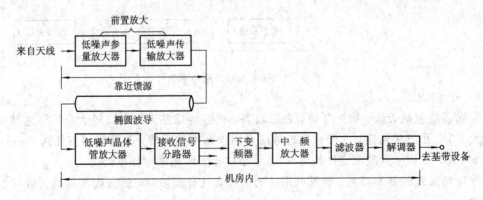

图 7-5　地球站接收系统的组成框图

低噪声前置放大器是接收系统的关键部件，它决定着系统的等效噪声温度。它应尽可能放在天线馈源近旁，而接收系统的其他设备可以安放在室内，中间用椭圆波导（或低损耗电缆）传输。

对接收系统的基本要求是极高的灵敏度（或极小的内部噪声）和足够的通频带。

4）终端系统

终端系统是地球站与地面传输信道的接口。终端系统的任务就是要对地面线路到达地球站的各种信息基带信号进行变换，编排成适合于卫星信道传输的基带信号，送给发射系统；同时又要把接收系统解调输出的基带信号变换成适合于地面线路传输的基带信号。终端设备的使用决定于所采用的多路复用方式和多址方式。

5）通信控制系统

通信控制系统由监视设备、控制设备和测试设备组成。

监视设备安装在中心控制台上，用来监视地球站总体工作状态、通信业务、各种设备的工作情况以及现用与备用设备的情况等。

控制设备能对站内各主要设备进行遥测遥控，包括主用设备和备用设备的转换。测试设备包括各种测试仪表，用来指示各部分设备的工作状态，必要时可在站内进行环路测试。

6）电源系统

地球站电源分系统要供应站内所有设备所需的电能，因此电源分系统性能的优劣直接影响到卫星通信的质量以及设备的可靠性。公用的交流市电在传输过程中不可避免地会受到许多杂波干扰，而且有时会出现波动，因此地球站电源分系统提供的电流必须是稳频、稳压、高可靠性的不间断电流。地球站电源系统通常采用三级电源设备。

（1）交流市电设备。

该设备是正常情况下为卫星通信地球站提供所需电流的主要设备。但基于上述原因，交流市电在供给地球站前必须经过稳频、稳压设备，以保证地球站设备的正常运行。

（2）蓄电池供电设备。

蓄电池供电设备是在市电发生重大故障或由于地球站增添设备导致现用的市电提供的电力不足时使用。蓄电池提供的直流电经过 UPS 转换为稳频、稳压的交流电，从而提供给地球站使用。

（3）应急发电设备。

应急发电设备通常由两台全自动控制并联的柴油发电机、高压配电盘、自动并联控制盘、启动用蓄电池及其他补充设备构成。

另外，为了确保电源设备的安全以及减少噪声的来源，所有的电源设备都应良好地接地。

7.1.3　卫星通信线路

两个地球站通过卫星进行通信的卫星通信线路的组成框图如图 7 - 6 所示。卫星通信线路由发端地球站、上行传播路径、卫星转发器、下行传播路径和收端地球站组成，直接用于进行通信。

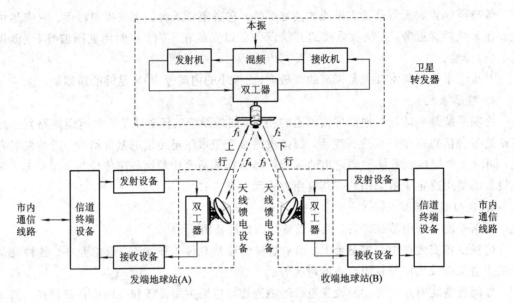

图 7 - 6　卫星通信线路组成框图

7.2　卫星通信系统设计

7.2.1　卫星通信系统的总体设计原则

首先，对卫星通信系统进行设计，必须了解整个系统的通信业务类型，例如：电话业务、数据业务还是电视业务，或者是几种业务的综合。根据不同业务和传送信号的质量要求，结合整个系统设置的站址以及每个地球站的通信容量确定系统的总通信容量，在此基础上确定这个卫星通信系统使用的多址方式、可以租用的通信卫星以及可以使用的工作频段。

其次，决定地球站天线直径。天线直径大，地球站 G/T 值高，转发器利用率高，频带宽，地球站的建设费用多。相反，天线直径小，地球站 G/T 值低，地球站成本低。对中央大站或通信量大、质量要求高的站，天线尺寸相应要大。对边远地区，通信量小，从经济角度考虑，采用小型天线，能保证正常通信即可。

第三，确定系统的配置，包括各类附属设备、专用设备以及地面传输系统设备等。在此基础上确定相应的土建工艺要求。

第四，按照相应规范要求，确定总体系统指标，并对各分系统提出各自的指标要求。

第五，对各分系统设备进行设计，主要是通信地球站的设计。

7.2.2　卫星通信线路设计

卫星通信线路设计的目标就是为两个地球站之间提供稳定可靠的通信信道。由通信原理可知，无论是描述模拟线路的输出信噪比 S/N 还是描述数字线路的误码率都与接收系统的输入载噪比有关。为此，在进行卫星通信线路设计之前，需对卫星通信中接收系统的载噪比进行简单的讨论。

1. 接收机输入端的载波噪声比

在卫星通信线路中，虽然电波传播路径很长，但主要是在自由空间中传播，因此对于进入卫星接收机的载波信号的功率可先按这种情况考虑，再在此基础上依据微波信号在大气层中传播所受影响加以修正。

1) 接收机输入端的信号功率

假定某通信系统中收发天线之间的距离为 d，发射功率为 P_t，发射天线的增益为 G_t，接收天线的开口面积为 A_r，接收天线的效率为 η_r，则接收点的输入信号功率可表示为

$$C = \frac{P_t G_t A_r}{4\pi d^2} \eta_r \qquad (7-1)$$

由于天线的增益可表示为

$$G = \frac{4\pi A}{\lambda^2} \cdot \eta = \frac{\pi^2 D^2}{\lambda^2} \eta \qquad (7-2)$$

因此，接收点的输入功率又可表示为

$$C = P_t G_t G_r \cdot \left(\frac{\lambda}{4\pi d}\right)^2 \qquad (7-3)$$

其中 $L_p = \left(\dfrac{4\pi d}{\lambda}\right)^2$ 为前面介绍的自由空间的传播损耗。

微波信号在大气层中传播主要考虑电波穿过对流层和大气层的影响，这部分内容已经在第 2 章中作过详细的分析，在此就不再赘述。此外，当利用低轨道移动卫星进行通信时，还应考虑多普勒效应的影响。

2) 接收机输入端的噪声功率

接收系统接收到的噪声包括两个方面：内部噪声和外部噪声。

内部噪声主要来自馈线、放大器和下变频器等，但由于使用高增益天线和低噪声放大器，接收系统内部噪声的影响相对减弱，同时外部噪声的影响已不可忽略。地球站接收系统的外部噪声来源主要有以下几个方面：

(1) 天线噪声。天线噪声包括宇宙噪声、大气噪声、降雨噪声、太阳噪声、天线损耗噪声、天电噪声、天线罩噪声以及由天线副瓣接收的地面噪声等。

(2) 干扰噪声。干扰噪声主要包括来自其他通信系统的干扰噪声和人为干扰噪声。

(3) 上行线路噪声和转发器非线性产生的交调噪声。

接收系统的噪声功率可折算为该点的热噪声功率，表达式为

$$N = kT_r B \qquad (7-4)$$

式中：$k = 1.38 \times 10^{-23}$ J/K，为波兹曼常数；T_r 为接收系统的等效噪声温度；B 为等效带宽。

3) 接收机输入端的载噪比

根据求出的接收机的输入功率和噪声功率，则接收机的载噪比为

$$\frac{C}{N} = \frac{P_t G_t G_r}{L_p} \cdot \frac{1}{kT_r B} \qquad (7-5)$$

当以分贝数表示时，式(7-5)可写为

$$\left[\frac{C}{N}\right]=[P_t]+[G_t]-[L_p]+[G_r]-10\lg(kT_rB) \tag{7-6}$$

$$=[EIRP]-[L_p]+[G_r]-10\lg(kT_rB)$$

式中，$[EIRP]=[P_t]+[G_t]=[P_t\cdot G_t]$，称为有效全向辐射功率。

对于卫星通信系统，通信线路分为上行链路和下行链路。根据式(7-6)可以得出上行链路与下行链路的载噪比公式

$$\left[\frac{C}{N}\right]_s=[EIRP]_e-[L_{pu}]+[G_{rs}]-10\lg(kT_{sat}B_{sat}) \tag{7-7}$$

$$\left[\frac{C}{N}\right]_e=[EIRP]_s-[L_{pd}]+[G_r]-10\lg(kT_rB) \tag{7-8}$$

式中：$[EIRP]_e$、$[EIRP]_s$分别为地球站和卫星转发器的有效全向辐射功率；L_{pu}、L_{pd}分别为上行链路和下行链路的传输损耗；G_{rs}、G_r分别为卫星转发器和地球站的接收天线增益；T_{sat}、T_r分别为卫星接收系统和地球站接收系统的噪声温度；B_{sat}、B分别为卫星接收系统带宽和地球站接收系统带宽。

地球站接收系统的载噪比跟下行链路的载噪比有关。由式(7-8)可以看出，当卫星转发器设计好后，其$[EIRP]_s$就确定了，而当地球站的工作频率及通信通信带宽B确定后，L_{pd}的值也就确定了。因此地球站接收系统输入端的载噪比将取决于G_r/T_r，简写为G/T，显然，G/T越大，则接收系统的C/N值越高，表明接收系统的性能越好，即G/T值可表征接收系统的好坏，所以通常将它称为地球站的性能因数。

国际通信卫星组织规定，标准A站在4 GHz，仰角为5°时，$[G/T]\geqslant40.7$ dB/K，而在其他频率工作时，$\left[\dfrac{G}{T}\right]=40.7+20\lg\dfrac{f}{4}$。

2. 卫星通信线路的指标

1）质量指标

在设计卫星通信线路时，必须给出自地球站经由卫星至另一地球站的所谓卫星区间所要求的线路标准。卫星通信线路是国际通信网的组成部分，所以其线路性能标准必须具有国际规定的普遍性，所采用的方法是制定一个具有典型结构的假想线路，即标准模拟线路，然后对该标准线路规定性能标准。

国际无线电咨询委员会(CCIR)规定了利用卫星通信系统作洲际通信的标准线路模型，提出了对该线路的各种传输标准方面的建议。

CCIR对卫星通信的标准线路模型作了如下建议：

(1) 标准线路模型由地球站—卫星—地球站组成，如图7-6所示。

(2) 因为标准线路是洲际电路的一部分，所以必须按可能有二次或三次"跳跃"串联连接的情况来制定线路标准。

(3) 标准线路中包含有基带—射频变换和射频—基带变换用的信道调制器和解调器，但不包含多路载波电话终端和电视标准制式变换设备等。

2）可用度指标

如果在卫星固定业务链路中，任一接收端连续10 s以上出现下述情况之一，则由CCIR352-4和521-1建议所规定的假设参考电路或假设数字参考通路所构成的卫星固定业务链路将被认为不可用：

（1）在模拟信号传输中，信号从一端输入，在电路的另一端收到的有用信号电平低于要求值 10 dB 以上；

（2）数字信号传输中，出现信号中断（即帧失步或定时丢失）；

（3）在模拟电话传输中，零相对电平点上、5 ms 积分时间内不加权噪声功率超过 10^6 pW；

（4）数字信号传输中，其比特误码率超过 10^{-3}。

7.2.3　卫星通信地球站的设计

在卫星通信地球站的设计中，上行线路应特别注意发射机功率放大器位置的确定，以尽量减小传输线的损耗，同时也要考虑功率放大器有较大的功率调整范围。下行线路设计对地球站有着十分重要的作用。低噪声接收机要尽量靠近馈源，提高 G/T 值，防止外部干扰信号进入，使系统增益分配合理，系统匹配良好，从而提高通信质量。地球站主要是围绕下行线路设计的。

1. 卫星通信地球站设计的总体要求

卫星通信地球站设计的总体要求如下：

（1）信号的发送应稳定、可靠，能接收由卫星转发器转发来的微弱信号。

（2）各部分的性能指标应满足系统中所传输的业务信号的质量要求。

（3）整个系统的维护使用方便。

（4）建设成本和维护费用不应太高。

2. 卫星通信地球站必备性能

卫星通信地球站的必备性能包括以下五点：

（1）地球站的 G/T。标准地球站的 G/T 值应满足：$G/T \geqslant 40.7 + 20 \lg \dfrac{f}{4}$(dB/K)。

（2）有效辐射功率及其稳定度。要求发射的射频信号的功率非常稳定，功率变化在额定值的 ± 0.5 dB 以内。

（3）发射频率的精确度。例如：在传送电视时，发射的频率应在规定值的 ± 250 kHz 以内；在传送电话时，要求地球站所发射的频率应在规定值的 ± 150 kHz 以内。这相当于射频频率的相对稳定度为 $\dfrac{\Delta f}{f} = (2 \sim 6) \times 10^{-5}$。

（4）射频能量扩散指标。为减少交调干扰，国际卫星通信组织规定传送多路电话时，4 kHz 的能量最大值比最大负载时的能量密度不得超过 2 dB。

（5）干扰波辐射指标。地球站因多载波引起的交调干扰应小于 23 dBW/4 kHz。带外总的有效全向辐射功率应小于 4 dBW/4 kHz。

3. 卫星通信地面站设计的主要内容

1）站址的选择

建立一个卫星通信地球站，站址的选择非常重要。站址选择的恰当与否直接关系着整个卫星通信系统的工作性能的优劣以及设备的选择。因此，站址的选择应进行综合的考虑，主要有以下几方面：

（1）与其他微波通信系统之间的干扰。卫星通信系统工作在微波频段，可能会与某些微波通信系统采用的频率相同，为了避免相互之间的干扰，有关的国际组织对卫星通信的发射功率以及地面微波通信系统的发射功率的容许值做出了规定。

（2）地平线的仰角。地平线的仰角又称为山棱线仰角，即山棱线、天线之间的夹角，如图 7-7 所示。地平线仰角 α 增大时，可以防止其他无线通信系统对地球站的干扰，起到屏蔽的作用。但另一方面，α 的增大，会使天线的仰角 β 与 α 之间的差值减小，导致天线的噪声温度增加，从而使地球站的 G/T 值下降。一般情况下，α 应在 $3°$ 以下，因此地球站的站址的尽量选择在平坦的地面或者是地势较高的地方。

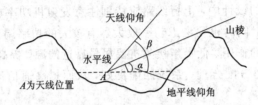

图 7-7　地平线仰角 α 与天线仰角关系

（3）气象条件。影响卫星通信的气象条件主要是风、雨、雪等自然现象。在一些风力较大的地区或者地球站的天线口径较大时，受风力的影响，天线可能产生较大的摆动，从而导致地球站的天线不能准确地对准通信卫星，因此在这种情况下，必须提高天线的抗风性能，这样势必增加建站的费用。因此，在进行设计时，气象条件需要予以重视。

2）天线方位角、俯仰角和站星距的计算

在地球站的调测、开通和使用过程中，必须知道地球站天线工作时的方位角 φ 和仰角 θ。此外，为了计算自由空间的传输损耗，还必须知道地球站与卫星之间的距离—站星距。

图 7-8 给出了静止卫星 S 与地球站 D 之间的几何关系。图中 S 表示静止卫星，D 表示卫星地球站，O 为地球中心。S 与 O 的连线在地球表面上的交点 M 称为星下点。D 与 S 的连线称为直视线，其长度用 d 表示。

直视线在地面上的投影，即 D 与 M 的连线称为方位线。方位角 φ 是地球站所在经线的正北方向，即经线顺时针方向与方位线 K 的夹角。仰角 θ 为地球站的方位线与直视线之间的夹角。

设地球的半径为 R_e，卫星的高度为 h，地面站经度与星下点之间经度差为 λ，纬度差为 ρ，则利用球面三角形推导得到以下公式：

站星距　　$d = R_e \sqrt{(k^2+1) - 2k\cos\lambda \cdot \cos\rho}$　　(7-9)

仰角　　　$\theta = \arcsin\left[\dfrac{(k\cos\lambda \cdot \cos\rho - 1)R_e}{d}\right]$　　(7-10)

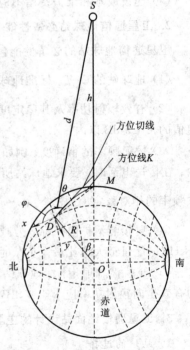

图 7-8　静止卫星观察参数示意图

方位角 $$\phi_a = \arctan\left(\frac{\tan\lambda}{\sin\rho}\right) \qquad (7-11)$$

式中 $k = (R_e + h)/R_e$。

方位角是地球站所在经线的正北方向，在式(7-11)中，如果 λ 取正值，则是以正南方向为基准得出的，因此，实际的方位角如下。

若地球站位于南半球时：

$$\theta = \theta_a \qquad (\text{卫星位于地球站东侧}) \qquad (7-12)$$

$$\theta = 360° - \phi_a \qquad (\text{卫星位于地球站西侧}) \qquad (7-13)$$

若地球站位于北半球时：

$$\theta = 180° - \phi_a \qquad (\text{卫星位于地球站东侧}) \qquad (7-14)$$

$$\theta = 180° + \phi_a \qquad (\text{卫星位于地球站西侧}) \qquad (7-15)$$

7.3　卫星移动通信系统

7.3.1　卫星移动通信系统的基本结构及分类

卫星移动通信是指利用通信卫星转接移动用户与固定用户之间或移动用户间的相互通信，是卫星通信的一种。第三代卫星移动通信系统，使人们借助体积很小的手持终端就可直接与卫星建立通信链路，实现个人通信。卫星移动通信系统是未来个人通信网络必不可少的组成部分。

1) 卫星移动通信系统的结构

如图 7-9 所示，卫星移动通信系统包括空间段和地面段两部分。空间段是指卫星星座，而地面段是指包括卫星测控中心、网络操作中心、关口站和卫星移动终端在内的地面设备，各部分工作过程如下。

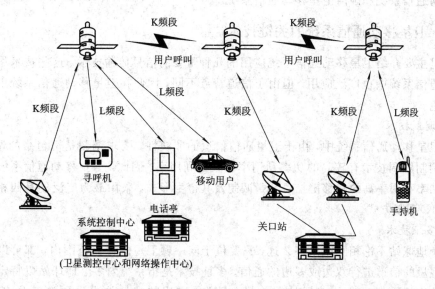

图 7-9　卫星移动通信系统的基本组成

（1）按一定规则分布的卫星构成一个卫星移动通信系统的卫星星座。不同的卫星移动通信系统其用途及功能不同，则采用的卫星数量、运行轨道性能也不同。虽然结构各异，但卫星星座的功能都是提供地面段各设备间信号收发的转接或交换处理。

（2）卫星测控中心负责对卫星星座的管理，如修正卫星轨道、诊断卫星工作故障等，保障卫星在预定的轨道上无故障运行，为可靠通信提供前提。

（3）网络操作中心具有管理卫星移动通信业务的功能。如路由选择表的更新、计费以及各链路和节点工作状态的监视等。

（4）卫星移动终端是一终端设备，通过该终端设备，移动用户可在移动环境中，如空中、海上及陆地上实现各种业务通信。

（5）关口站一方面负责为卫星移动通信系统与地面固定网、地面移动通信网提供接口以实现彼此间的互通，另一方面，还负责卫星移动终端的接入控制工作，从而保证通信的正常运行。卫星的关口站又有归属关口站和本地服务关口站。

2）卫星移动通信系统的分类

卫星移动通信系统的性质、用途不同，所采用的技术手段也不同，因此存在多种分类方法。具体分类如下。

（1）按卫星移动通信系统的卫星轨道进行划分，可分为如下三类。

① 静止轨道卫星移动通信系统：其系统卫星位于地球赤道上空约 35 786 km 附近的地球同步轨道上，卫星绕地球公转与地球自转的周期和方向相同。

② 中轨道卫星移动通信系统：其系统卫星距地面 5000～15 000 km。

③ 低轨道卫星移动通信系统：其系统卫星距地面 500～1500 km 左右。

（2）按卫星移动通信系统的业务进行划分，有陆地卫星移动通信系统（LMSS）、海事卫星移动通信系统（MMSS）和航空卫星移动通信系统（AMSS）。

（3）按卫星移动通信系统的通信覆盖区域进行划分，有国际卫星移动通信系统、区域卫星移动通信系统和国内卫星移动通信系统。

7.3.2 卫星移动通信系统的关键技术

这里主要介绍卫星移动通信系统应用的几种重要的信号传输技术。这些技术尽管在其他移动通信系统中也广泛应用，但由于信道特点不同，因此在卫星移动通信系统中有着自己的特色。

1）调制技术

在卫星移动通信系统中，由于卫星通信信道的非线性，要求调制是恒包络的调制，此外要求调制解调技术有较高的功率利用率和频带利用率。因此，卫星移动通信系统主要采用的是功率利用率高的相移键控（PSK）调制及其衍生形式，采用最为广泛的是四相相移键控（QPSK）调制方式。

2）多址技术

多个地球站不论相互距离多么远，只要位于同一颗卫星的覆盖范围内，都可以同时利用这颗卫星的信道进行双边或多边的通信。多址技术是指系统内多个地球站以特定方式各自占用信道接入卫星和从卫星接收信号。目前，实用的多址技术主要有频分多址（FD-MA）、时分多址（TDMA）、码分多址（CDMA）、空分多址（SDMA）、随机多址（ALOHA）。

其中空分多址作为卫星移动通信系统的特色技术得以广泛使用。它利用空间区域来区分不同的关口站，即利用卫星的多个窄波束天线的空间指向差异（分别指向不同区域关口站）来区分不同的地球站。这种方式有着明显的优点：卫星天线增益高，卫星功率可以得到合理有效利用；不同区域地球站所发信号在空间互不重叠，可以实现频率重复使用，从而成倍扩大通信容量。

　　3）差错控制技术

　　在卫星移动通信系统中，广泛采用差错控制技术，来提高系统的抗干扰性和卫星功率受限情况下的通信容量。常用的方式是在低层协议采用循环冗余校验（CRC）和前向纠错（FEC）技术；在高层采用分组接收和拒绝系统（导致重发）对数据传输提供附加的保护，以防止差错。

　　4）均衡技术和分集技术

　　和其他移动通信系统一样，卫星移动通信系统也采用了时域均衡技术和分集接收技术。均衡技术用来减小码间干扰，采用自适应均衡器来实时跟踪移动通信信道的时变特性。分集接收技术则用来改进链路性能，是克服移动通信特有的多径干扰的一种有效接收技术，被各种卫星移动通信系统所采用。

7.4　卫星通信网的网络结构

　　任何一个卫星通信系统都要组成一定的网络结构，以便多个地球站按一定的连接方式通过卫星进行通信。根据卫星通信系统使用的目的和要求的不同，可以组成各种不同的卫星通信网。例如，国际、国内卫星通信网，海事卫星通信网等等。根据业务性质、容量和特点的不同，组成的网络结构也有所不同。

　　由多个地球站构成的通信网络，可以归纳为两种主要形式，即星形网络和网状网络，如图 7-10 所示。在星形网络中，各远端地球站都是直接与中心站发生联系，而各远端地球站之间是不能经卫星直接进行通信的。必要时须经中心站转发，才能进行连接和通信。无论远端地球站与中心站进行通信，还是各地球站经中心站进行通信，都必须经过卫星转

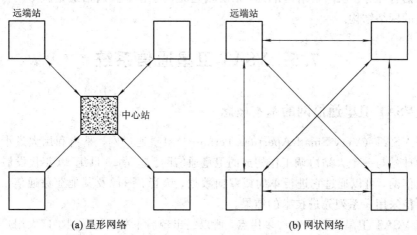

(a) 星形网络　　　　　　　　　　　　　(b) 网状网络

图 7-10　卫星通信网的网络结构

发器。因此，根据经过卫星转发器的次数，又可将卫星通信网分为单跳和双跳两种体系结构，如图7-11所示。在单跳体系结构中，各远端地球站可经过单跳线路与中心站直接进行话音和数据的通信。而在双跳结构中，各远端地球站之间一般都是通过中心站间接地进行通信。这种网络结构，由于一条通信线路要经过两跳的延迟，因而，不适用于实时的话音业务，而只适用于记录话音业务和数据业务。

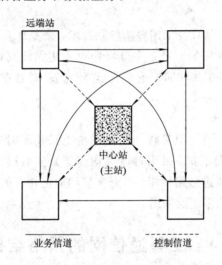

远端站

中心站
(主站)

业务信道　　　　　　控制信道

图7-11　卫星通信网的单跳与双跳结构

在网状网络中，任何两个远端地球站之间都是单跳结构，因而它们可以直接进行通信。但是必须利用一个主站控制与管理网络内各地球站的活动，并按需分配信道。显然，单跳星形结构是最简单的网络结构，而网状网络结构则是最复杂的网络结构，它具有全连接特性，并能按需分配卫星信道。

另外，也还提出了一种单跳与双跳相结合的混合网络结构（见图7-11）。在这种网络中，网络的信道分配、网络的监测管理与控制等由中心站负责，但是通信不经中心站连接。所以它可以为中心站与远端地球站之间提供数据和话音业务，为各远端地球站之间提供数据和记录话音业务。从网络结构来说，话音信道是网状网，控制信道是星形网，因而是一种很有效的网络结构。

7.5　VSAT 卫星通信系统

7.5.1　VSAT 卫星通信网的基本概念

所谓 VSAT（Very Small Aperture Terminal）卫星通信网，是指利用大量小口径天线的小型地球站与一个大站协调工作构成的卫星通信网。这是 20 世纪 80 年代发展起来的一种卫星通信网，可以通过它进行单向或双向数据、语音、图像及其他业务通信。它的产生是卫星通信采用一系列先进技术的结果。

由于 VSAT 卫星通信网有许多优点，所以它出现后不久，便受到了广大用户单位的普遍重视，发展非常迅速。现在它已成为现代卫星通信的一个重要发展方面。VSAT 卫星通信网的主要优点是：

（1）地球站设备简单，体积小，重量轻，造价低，安装与操作简便。一般来说，VSAT 小站由 0.3～2 m 的天线，2 W 左右的发射机以及不大的终端构成。它可以直接安装在用户所在的楼顶上、庭院内或汽车上等，因为它可以直接与用户终端接口，所以不再需要地面线路作引接设备。

（2）组网灵活方便。由于网络部件模块化，便于调整网络结构，易于适应用户业务量的变化。

（3）通信质量好，可靠性高，适于多种业务和数据率。

（4）由于它直接面向用户，特别适合于用户分散、稀路由和业务量较小的专用通信网。

目前，VSAT 卫星通信网使用的频段为 C 波段或 Ku 波段，可以采用星形、网状或混合网络结构，目前多数还是采用星形网络结构。

7.5.2　VSAT 卫星通信网的组成及其工作原理

1. VSAT 网的组成

典型的 VSAT 网由主站（亦称中心站）、卫星转发器和许多远端 VSAT 小站组成。考虑到目前采用星形网络结构的系统较多，故下面主要结合这种 VSAT 网进行介绍。

1）主站

它是 VSAT 网的核心，与普通地球站一样，它使用大型天线，Ku 波段为 3.5～8 m，C 波段为 7～13 m。主站由高功率放大器、低噪声放大器、上/下变频器、调制/解调器以及数据接口设备等组成。主站通常与主计算机配置在一起，也可通过地面线路与主计算机连接。

主站发射机的高功率放大器输出功率的大小，取决于通信体制、工作频段、数据速率、卫星转发器特性、发射的载波数以及远端接收站 G/T 值的大小等多种因素，一般为数十瓦到数百瓦。

为了对全网进行监测、控制、管理与维护，在主站还设有网络监控与管理中心，对全网运行状态进行监控管理，如监测小站及主站本身的工作状况、信道质量，信道分配、统计、计费等。由于主站关系到整个 VSAT 网的运行，所以它通常配有备用设备。为了便于重新组合，主站一般都采用模块结构，设备之间以高速局域网的方式进行互连。

2）小站

小站由小口径天线、室外单元和室内单元三部分组成。室内单元和室外单元通过同轴电缆连接。VSAT 小站可以采用常用的正馈天线，也可采用增益高、旁瓣小的偏馈天线。室外单元包括 GaAs FET 固态功率放大器、低噪声 FET 放大器、上/下变频器及其监测电路等，它们被组装在一起作为一个部件，配置在天线馈源附近。室内单元包括调制/解调器、编/译码器和数据接口等。

3）卫星转发器

它亦称空间段，目前主要使用 C 波段或 Ku 波段转发器，它的组成及工作原理与一般卫星转发器一样，只是具体参数有所不同而已。

2. VSAT 网的工作原理

现以星形网络结构为例，介绍 VSAT 网的工作原理。由于主站发射的 EIRP 高，且接

收系统的 G/T 值大，所以网内所有的小站都可直接与主站通信。对于小站，则由于它们的天线口径和 G/T 值小，EIRP 低，若需要在小站间进行通信时，必须经主站转发，以"双跳"方式进行。

在星形 VSAT 网中进行多址连接时，可以采用不同的多址协议，其工作原理也因此有所不同。在这里主要是结合随机接入时分多址（RA/TDMA）方式介绍 VSAT 网的工作原理。网中任何一个 VSAT 小站入网传送数据，一般都是以分组方式进行传输与交换。数据报文在发送以前，先将其划分成若干个数据段，并加入同步码、地址码、控制码、起始标志以及终止标志等，这样便构成了通常所说的数据分组。到了接收端再将各分组按照原来"打包"时的顺序，将数据分组组装起来，恢复原来的数据报文。

在 VSAT 网内，由主站通过卫星向远端小站发送数据通常称为外向传输，由各小站向主站发送数据称为内向传输。

1）外向传输

由主站向各远端小站的外向传输，通常采用时分复用或统计时分复方式。首先，由计算机将发送的数据进行分组并构成 TDM 帧，以广播方式向网内所有小站发送，而网内某小站收到 TDM 帧以后，根据地址码从中选出发给本小站的数据。根据一定的寻址方案，一个报文可以只发给一个指定的小站，也可以发给一群指定的小站或所有的小站。为了使各小站可靠地同步，数据分组中的同步码特性应能保证 VSAT 小站在未加纠错和误比特率达到 10^{-3} 时仍能可靠地同步。而且主站还应向网内所有地面终端提供 TDM 帧的起始信息。TDM 帧结构如图 7 - 12 所示。当主站不发送数据分组时，则只发送同步分组。

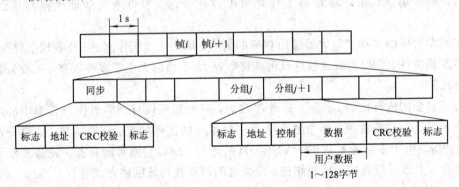

图 7 - 12 VSAT 网外向传输的 TDM 帧结构

2）内向传输

在 RA/TDMA VSAT 网中，各小站用户终端一般采用随机突发方式发送数据。根据卫星信道共享的多址协议，网内可同时容纳许多小站。当远端小站通过一定延迟的卫星信道向主站传送数据分组时，由于 VSAT 小站受 EIRP 和 G/T 值的限制，一般收不到自己所发的数据信号，因而小站不能采用自发自收的方法监视本站数据传输的情况。如果是争用信道，则必须采用肯定应答（ACK）方式。也就是说，当主站成功地收到小站数据分组后，需要通过 TDM 信道回传一个 ACK 信号，表示已成功地收到了小站所发的数据分组。相反地，如果由于分组发生碰撞或信道产生误码，以致使小站收不到 ACK 信号时，则小站需要重新发送这一数据分组。

RA/TDMA 是一种争用信道，例如 S - ALOHA 方式就属于这一种。各小站可以利用争用协议，共享卫星信道。根据 S - ALOHA 方式的工作原理与协议，各小站只能在时隙内发送数据分组，而不能超越时隙界限，换句话说，数据分组长度可以改变，但最大长度不允许超过一个时隙的长度。在一帧内，时隙的多少和它的长短，可以利用软件程序根据应用情况进行确定。TDMA 的帧结构如图 7 - 13 所示。

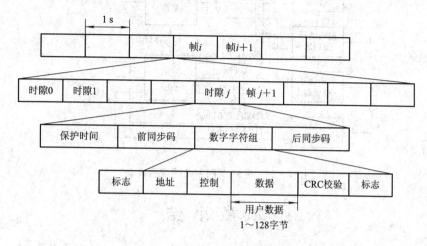

图 7 - 13　VSAT 网内向传输的 TDMA 的帧结构

在 VSAT 网中，所有共享 RA/TDMA 信道的小站，它们所发的数据分组必须有统一的定时，并与帧和时隙的起始时刻保持同步，定时信息由主站所发的 TDM 帧的同步码提取。

如图 7 - 13 所示，TDMA 数据分组包括前同步码、数据字符组、后同步码和保护时间。前同步码由比特定时、载波恢复、前向纠错以及其他开销组成。数据字符组则包括起始标志、地址码、控制码、用户数据、循环冗余校验位和终止标志。其中控制码主要用于小站发送申请信息。

根据 VSAT 网的卫星信道共享协议，网内可以同时容纳许多小站，至于能够容纳的最大站数则取决于小站的数据速率。由以上 VSAT 网的工作原理可以看出，它与一般的卫星通信网不同。因为在链路两端的设备不同，执行的功能不同，内向和外向传输的业务量不同，内向和外向传输的电平也有相当大的差别，所以 VSAT 网是一个非对称网络。

3) VSAT 网中的交换

在 VSAT 网中，各站通信终端的连接是唯一的，没有备份路由，全部交换功能只能通过主站内的交换设备完成。为了提高信道利用率和可靠性，对于突发性数据，一般最好采用分组交换方式。特别是对于外向链路，由于采用分组传输才便于对每次经卫星转发的数-报进行差错控制和流量控制，因此即使成批数据业务也应采用数据分组格式。显然，来自各 VSAT 小站的数据分组到了主站，也应采用分组格式和分组交换。也就是说，通过主站交换设备汇集的来自各 VSAT 小站的数据分组以及从主计算机和地面通信网来的数据分组，同时又按照数据分组的目的地址，转发给外向链路、主计算机和地面网。采用分组交换不但提高了卫星信道利用率，还减轻了用户设备的负担。

但是，对于要求实时性很强的话音业务，因为分组交换的延迟和卫星信道的延迟太大，则应该采用线路交换。所以对于要求同时传输数据和话音的综合业务网，VSAT 网网内主站应对这两种业务分别设置交换设备并提供各自的接口。当然，在主站，这两种交换机之间也可能是有信息交换的，如图 7-14 所示。

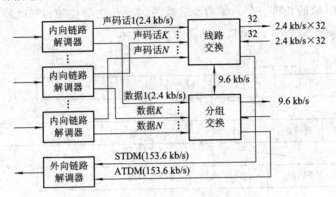

图 7-14　VSAT 网主站的交换设备

本 章 小 结

（1）卫星通信系统由通信卫星、通信地球站分系统、跟踪遥测及指令分系统和监控管理分系统等组成。

（2）通信卫星由天线分系统、通信分系统、遥测与指令分系统、控制分系统、温控分系统和电源分系统组成。

（3）地球站由天线系统、发射系统、接收系统、终端系统、通信控制系统和电源系统组成。

（4）卫星通信系统的设计重点是对卫星通信线路的设计，主要是上、下行链路的载噪比，根据下行链路的载噪比对地球站进行设计。

（5）卫星地球站的设计重点是考虑地球站输入功率以及与地面站通信系统的连接。

（6）卫星通信网中的网络结构有星形网和网状网。

习　　题

7-1　简述通信卫星的各组成部分及其功能。

7-2　简述卫星地球站的各组成部分及其功能。

7-3　地球站必备的性能指标有哪些？

7-4　我国实验通信卫星 1 号（STW-1）定点于东经 125°，西安地球站的参数为北纬 34°15′、东经 104°04′，求西安地球站的站星距、仰角和方位角。

7-5　卫星通信网中的单跳结构与双跳结构的应用范围有什么异同？

第 8 章　卫星通信技术的应用

8.1　卫星通信技术在定位系统中的应用

8.1.1　卫星定位的基本概念

卫星定位系统就是使用卫星对某物进行准确定位的技术，可以保证在任意时刻，地球上任意一点都可以同时观测到 4 颗卫星，以便实现导航、定位、授时等功能。它可以用来引导飞机、船舶、车辆以及个人，安全、准确地沿着选定的路线，准时到达目的地，还可以应用到手机追寻等功能。

目前卫星定位系统包括美国的全球定位系统（GPS）、俄罗斯的格洛纳斯卫星导航系统、欧洲的伽利略导航系统和我国的北斗卫星导航系统。北斗卫星导航系统是中国自行研制的全球卫星导航系统，已获得联合国卫星导航委员会的认定。

8.1.2　北斗卫星导航系统简介

1）系统构成

北斗卫星导航系统由空间段、地面段和用户段三部分组成，空间段包括 5 颗静止轨道卫星和 30 颗非静止轨道卫星，地面段包括主控站、注入站和监测站等若干个地面站，用户段包括北斗用户终端以及与其他卫星导航系统兼容的终端。

北斗卫星导航系统空间段由 35 颗卫星组成，包括 5 颗静止轨道卫星、27 颗中地球轨道卫星、3 颗倾斜同步轨道卫星。5 颗静止轨道卫星定点位置为东经 $58.75°$、$80°$、$110.5°$、$140°$、$160°$；中地球轨道卫星运行在 3 个轨道面上，轨道面之间相隔 $120°$ 均匀分布；3 颗倾斜地球同步轨道卫星均在倾角 $55°$ 的轨道面上。

2）覆盖范围

北斗导航系统是覆盖中国本土的区域导航系统，覆盖范围东经约 $70°\sim140°$（度），北纬 $5°\sim55°$。

3）定位原理

35 颗卫星在离地面 2 万多千米的高空上，以固定的周期环绕地球运行，使得在任意时刻，在地面上的任意一点都可以同时观测到 4 颗以上的卫星。

由于卫星的位置精确可知，在接收机对卫星观测中，可得到卫星到接收机的距离，根据三维坐标中的距离公式，利用 3 颗卫星，就可以组成 3 个方程式，解出观测点的位置 (X, Y, Z)。考虑到卫星的时钟与接收机时钟之间的误差，实际上有 4 个未知数：X、Y、Z

和钟差，因而需要引入第 4 颗卫星，形成 4 个方程式进行求解，从而得到观测点的经纬度和高程。

4）定位精度

我国科研人员利用严谨的分析研究方法，从信噪比、多路径、可见卫星数、精度因子、定位精度等多个方面，对比分析了北斗和 GPS 在航线上不同区域、尤其是在远洋及南极地区不同运动状态下的定位效果。

结果表明，北斗系统信号质量总体上与 GPS 相当。在 45°以内的中低纬地区，北斗动态定位精度与 GPS 相当，水平和高程方向分别可达 10 米和 20 米左右；北斗静态定位水平方向精度为米级，也与 GPS 相当，高程方向 10 米左右，较 GPS 略差；在中高纬度地区，由于北斗可见卫星数较少、卫星分布较差，因而定位精度较差甚至无法定位。

5）发展计划

目前，我国正在实施北斗卫星导航系统建设。系统将首先具备覆盖亚太地区的定位、导航和授时以及短报文通信服务能力；计划在 2020 年左右，建成覆盖全球的北斗卫星导航系统。

6）服务

北斗卫星导航系统致力于向全球用户提供高质量的定位、导航和授时服务，包括开放服务和授权服务两种方式。开放服务是向全球免费提供定位、测速和授时服务，定位精度 10 米，测速精度 0.2 米/秒，授时精度 10 纳秒。授权服务是为有高精度、高可靠卫星导航需求的用户，提供定位、测速、授时和通信服务以及系统完好性信息。

为使北斗卫星导航系统更好地为全球服务，应加强北斗卫星导航系统与其他卫星导航系统之间的兼容与互操作，促进卫星定位、导航、授时服务的全面应用。

8.2　卫星通信技术在 Internet 中的应用

近年来，移动通信和因特网业务需求的急剧增长表明未来用户的需要是"能在任何地点和任何时间使用交互的非对称多媒体业务"，因此，以多媒体业务和因特网业务为主的宽带卫星系统已成为当前通信发展的新热点之一。

面对各种系统的竞争，如何在技术上保证提供业务的低价优质，占领市场，是宽带多媒体卫星通信系统得以生存和发展的关键。进入 20 世纪 90 年代以来，商业网络逐渐向应用 TCP/IP 因特网协议的分组交换网络发展，宽带 IP 卫星技术就是这种网络发展趋势的结果，它将卫星业务搭载在 IP 网络层上营运。这种技术有利于吸收采纳目前蓬勃发展的 IP 技术，降低技术成本。IP 网络的传输特性也有助于降低业务成本，使卫星通信在大众消费市场上可以和地面系统竞争。

8.2.1　宽带 IP 卫星通信及其特点

卫星 IP 系统是在卫星通信系统的基础上使用了 IP 技术，可见其既具有卫星通信的特点，又兼备 TCP/IP 的工作特点。

（1）宽带 IP 卫星通信系统具有极高的覆盖能力和广播特性。

由于卫星通信系统具有无缝覆盖能力，为同时向多个地球站发送信号提供了必要的条件，使之成为地面网络的补充，特别是对于地面网络未到达的不发达地区来说，这是一种有效的通信方式。

（2）宽带 IP 卫星通信系统应用范围广，利于组建灵活的广域网。

由于网络中使用了 TCP/IP，它不会受到传输速率和时延的限制，可以与多种地面网络实现互联。再加之卫星通信系统的广播特性、灵活的多波束能力以及星上交换技术的使用，从而可构成拓扑结构更为复杂的广域网。

（3）宽带 IP 卫星通信系统具有可靠的传输性能。

在 TCP（通信控制协议）中提供了确认重发机制，从而保证了数据的可靠传输。特别是在地面通信系统受到洪灾、地震等自然灾害的影响时，卫星系统仍能提供高可靠性的通信信号。

（4）宽带 IP 卫星通信系统具有较长的传输时延。

例如同步卫星距地面大约 35 786 km，通常信号由地面到卫星，再返回地面所需时间为 540 ms。就距地面较近的低轨卫星系统而言，信号一上、一下所需时间也在几十毫秒之内。

8.2.2　现有宽带 IP 卫星通信系统

通常卫星系统包括用户终端、中心站和转发器，宽带 IP 卫星系统的基本组成也是如此。

目前在宽带 IP 卫星系统中实现 IP 业务的主要技术有两种，一种是基于现有的数字视频广播（DVB）技术，另一种则是基于 UMTS 的 3GPP（第三代移动通信协议标准）技术，下面分别加以介绍。

1. 基于现有 DVB 技术的宽带卫星 IP 通信系统

1）组网方案

在现有的 DVB 技术中是利用 MPEG2 技术来实现数字卫星广播功能的，而 DVB 技术已经发展了两代，早期的 DVB 系统由于其用户请求信息必须通过地面线路传送，因而系统是采用单向传输方式工作的，可见系统在操作性和通信质量等方面存在很大缺陷。目前所研制的系统为第二代 DVB 系统。在该系统中，用户以可变速率访问信道（由用户终端到中心站），并同时具有话音通信功能。

在图 8-1 中给出了日本 NTT 无线实验室提出的组网方案，这是典型的基于 DVB 的 IP 卫星通信系统。其中卫星系统包括若干便携式用户站（PUS）和一个地面站中心（CES），这个地面中心站是由网关（GW）、发射设备与接收设备以及接入服务器等构成的。由于便携式用户终端所发射与接收的信号都是由卫星转发器转发的，因而一台便携式用户终端（PUT）设备至少应包括一副天线系统和一台 PC 机。它既可以通过天线接入卫星网，也可以通过接口与地面有线通信网实现互连。

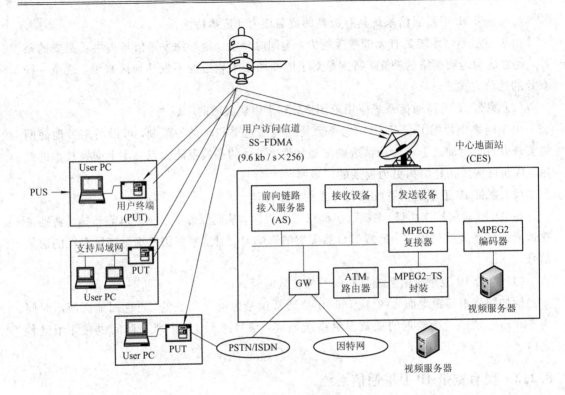

图 8-1 基于 DVB 的 IP 卫星通信系统结构

2) 协议与帧结构

在卫星 IP 系统中，通常将地面中心站(CES)发出的，经卫星转发而由各用户终端所接收的信道称为广播信道，其卫星链路采用的是 TDM 8 Mb/s 一个信道，可以实现从 CES 到 PUT 的点到点或点到多点的通信。而用户访问信道则是指由 PUT 经过卫星转发，由 CES 接收的信道，该信道可以采用地面线路，如 PSTN、ISDN 网等，也可以采用卫星链路。在卫星链路中采用的是 SS-FDMA 9.6 kb/s×256 个信道。协议堆栈如图 8-2 所示。从图 8-2 中可以清楚地看到，当 CES 欲向 PUT 发射信息时，首先在地面中心站(CES)中将 IP 包封装到 ATM 信元(装入 AAL5 中)。然后经过复接，再放入标准的 MPEG2-TS 卫

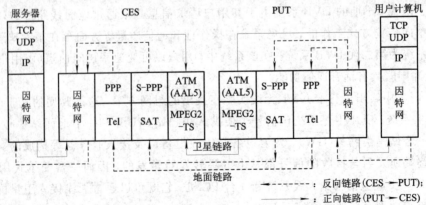

图 8-2 基于 DVB 的 IP 卫星通信系统协议堆栈

星帧中。此后再经复接，将沿反向链路传送至用户终端 PUT。当便携式用户终端接收到这个符合 MPEG2 - TS 标准的卫星帧时，先从 MPEG2 - TS 和 ATM 信元中解出原 IP 包，并将其交至用户终端中的 PC 机，供其进行信息处理之用。MPEG2 - TS 和 ATM 信元帧结构如图 8 - 3 所示。

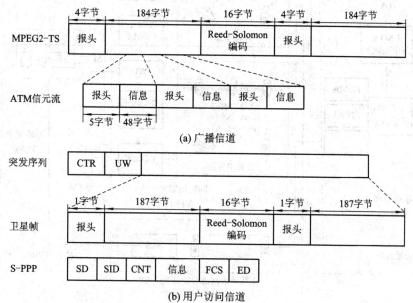

CTR：码时钟恢复；SD：发送分隔符；SID：标准ID；D：结束分隔符；
CNT：控制；FCS：文件检查序列

图 8 - 3　基于 DVB 的 IP 卫星通信系统帧结构

由于 ATM 的开销较大，因而在用户访问卫星信道中采用的是一种基于 PPP（点到点协议）的扩展 PPP（S - PPP）分组。为了扩大 TCP 流通量，用户访问接入控制采用的是一种经过改进的 ALOHA 机制。

这种基于 DVB 技术建立的 IP 卫星网络方式，只能运用于静止轨道卫星系统，并且基本上无移动管理功能。若要支持移动终端，则可以采用基于 S - UMTS 的移动卫星 IP 系统。

2. 基于 S - UMTS (Satellite - UMTS)的移动卫星 IP 系统

1）系统结构

基于 S - UMTS 的移动卫星 IP 技术有两个难点：一是如何在移动卫星系统中实现 IP 技术的应用；二是如何使基于 IP 的 S - UMTS 业务与第三代移动通信系统的 IP 核心网互联。因此各大公司和研究机构正组织人力分别针对这两大难题进行全力攻关，并提出了不少方案。下面以法国 Alcatel Space Industries 建立的一个试验网为例来加以说明。

图 8 - 4 中给出了基于 UMTS（通用移动通信系统）的移动卫星 IP 实验系统结构。从图中可以看出，多模终端可以通过不同的星座来实现多媒体移动应用，其中 MEO 或 LEO 星座的卫星信道是用 140 MHz 的中频硬件信道模拟器进行仿真的。信道模型包括城市、郊区和车载等多种通信环境。实验中的 GEO 卫星使用的是真实卫星（如 Italsat 卫星）。

在第三代移动通信系统的 IP 核心网中使用的是 ATM 交换机，而本地交换具有智能网功能，因而可为系统提供漫游和切换服务。

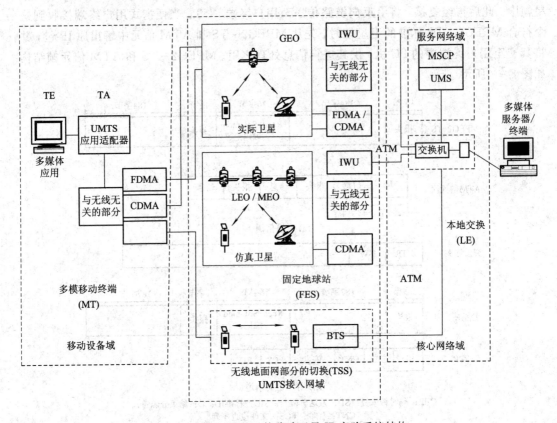

图 8-4 基于 UMTS 的移动卫星 IP 实验系统结构

该实验系统可以实现 144 kb/s 的双向信道，码片速率为 4 Mb/s，带宽 4.8 MHz。

2）移动卫星 IP 系统的协议堆栈

图 8-5 是英国 Bradford 大学的卫星移动研究中心提出的一个较完整的基于 S-UMTS 的移动 IP 系统的协议堆栈。

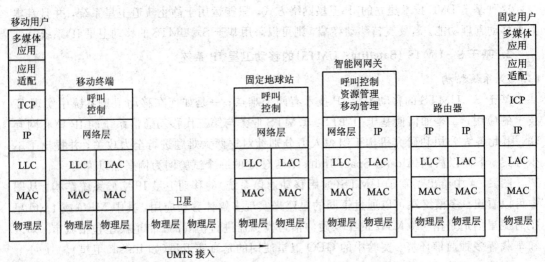

图 8-5 基于 S-UMTS 的功能模型的协议堆栈

当移动用户欲与某固定网用户进行通话时，移动用户信息首先经过多媒体应用和适配设备进入 TCP，然后逐层封装，并将信号由物理层传送到移动终端的物理层，随后通过 UMTS 卫星接入网和与固定用户相连的固定地球站连接，再通过智能网网关及路由器，从而实现移动用户与固定用户的互通。其中物理层和 MAC 层采用同步 CDMA 工作方式，而且工作于 Ka 波段的卫星具有星上再生功能。

8.3　卫星通信技术的新应用

随着通信事业的飞速发展，目前的卫星通信系统越来越难以满足要求，因此，要将不断涌现的通信新技术应用于现有的卫星通信系统中，使之更加完善和先进。下面就简要讨论一下卫星通信的发展趋势。

8.3.1　卫星光通信的应用

卫星通信在军事和民用中都具有相当重要的地位，然而随着卫星技术的发展以及现代社会对信息的需求，需要通过卫星传输的信息量越来越大，通信、对地观测、科学实验等均要求很高的数据传输率，以保证信息的快速和实时传输。随着卫星通信数据率的不断提高，卫星通信的频段也会不断提高，最后将与地面通信网发展一样，采用光频波段作为高速卫星通信的频段。

另一方面，近代卫星星座技术的发展，也迫切需要建立星间链路。为了解决全球通信中的"双跳"法卫星通信带来的信号延迟的弊端，用"星间激光链路"技术，即在通信卫星之间采用激光通信的方法，就会取得意想不到的效果。专家测算，在理想的情况下，用激光作载体进行空间无线电通信，若话路带宽为 4 kHz，则可容纳 100 亿条话路；若彩色电视带宽为 10 MHz，则可同时传送 1000 万套节目且互不干扰。

其原因就在于：激光的频率单纯，能量高度集中，波束非常细密，波长在微波到红外之间，因此，利用激光所特有的高强度、高单色性、高相干性和高方向性等诸多特性，进行星间链路通信，就可获得容量更大、波束更窄、增益更高、速度更快、抗干扰性更强和保密性更好等一系列优点，因而激光成为了发展空间通信卫星中最理想的载体。

美国目前的研究结果表明，使用"铷玻璃激光器"和"砷化镓激光器"最适合星间链路应用。它们的发光技术简便，不受接收器信号相位影响，且工作寿命长，可靠性高，其综合性能优于其他激光器。

卫星激光通信的主要技术问题是如何精确地进行高数据率的传输。目前，正在试验中的卫星激光通信数据率在 $100 \sim 1000$ Mb 之间，通信距离可达 7 万公里以上。地面与卫星之间的激光通信将受到大气和云层的影响，而且地面对卫星的影响要比卫星对地面的影响更为严重。解决的办法一是利用多个地面站来提高无云层激光发射的概率；二是利用飞机接收地面站信号，然后再飞到云层外，在飞机与卫星之间进行激光通信。

卫星激光通信的信息传输过程一般是：由低轨道卫星将信息传输给数据中转卫星，或将数据传给地面站；再根据低轨道卫星的位置，经第二套激光通信线路传输给另一个数据中转卫星；最后，再将数据传输给地面站。这种中转卫星如果是同步轨道卫星，则可利用两颗同步轨道通信卫星实现东、西半球之间的通信。

此外，由于各种卫星通信系统利用静止轨道卫星，星地距离远，往返传递的信号微弱，再经互相转送传输，使电波来回次数增至 4 次，时延为 1.1 秒，给话音通信带来不便。近年来，国际上提出发展低轨道的小卫星，可利用不同轨道的多颗卫星转接地面用户的信号，轨道高度一般在 1000 公里左右。由于轨道低，卫星上和地面用户的设备都可简化，这种低轨小卫星的通信系统可用于国内通信系统，也可随着卫星数量的增多而用于全球通信。当然，这种系统还有许多技术问题。其中之一就是为使地球上任何两点之间的用户能在不断运动中的星与星之间建立通信联系，就必须要解决星与星之间的信号传递和星上自动分配等技术处理问题。

8.3.2 先进的通信卫星(ACTS)

未来 VSAT 网，它的发展很快，总的方向是：降低小站、主站以及整个通信网的建造和运行费用；提供数据速率更高、应用范围更广的业务，其中包括语音、数据、图像以及其他类型的业务；在操作、管理与维护方面，要求提供更灵活、更受用户欢迎的网络。VSAT 网可以同更多类型的用户设备、新型交换设备以及更先进的地面通信网相互连接，从而构成综合业务数字网。从现代通信来讲，它的一个重要发展趋势，则是尽可能使卫星复杂一些，其中包括星上处理设备，从而简化地球站设备。

为了实现上述目标，各国都正在开展新一代卫星通信技术的研究。这主要包括：采用多波束卫星天线和频率再用技术；在卫星上进行中频或基带交换以实现 VSAT 网小站间的直接通信；开发 30/20 GHz(Ka)以上的频段；采用新型的高可靠性的小型天线；采用更合理的多址方式，譬如 FDM/TDMA 方式；采用整体解调器等。目前，正在开发的比较典型的通信卫星就是先进通信技术卫星。

ACTS 是一个实验卫星，由于它采用了上述先进技术，将许多原来由地面系统完成的功能转移到了星上，因而具有如交换、基带处理、波束跳变等许多先进的特性，相较于卫星通信网在性能、组网的灵活性以及费用等方面做出了许多改进，并有助于支持许多新的业务项目。具体地说 ACTS 所采用的关键技术有：Ka 波段；动态雨衰补偿技术；多波束卫星天线；星上中频交换(SS/TDMA)；基带处理与基带交换(BBS/TDMA)。

8.3.3 宽带多媒体卫星移动通信系统

近年来在微波与卫星通信领域中的热点话题层出不穷，但大多集中在两个方面：一个是有关卫星移动通信的发展问题；另一个是关于宽带 IP 卫星通信系统的讨论。但要满足未来的需要，必须解决卫星网与服务质量有关的系统设计问题。面对各种系统的竞争，如何在技术上保证提供低价优质的服务业务能否及时占领市场是宽带多媒体卫星移动通信系统得以生存和发展的关键。下面将从系统结构、移动管理、星上处理技术、多址技术和调制技术的发展等方面进行讨论。

1) 系统结构

近年来 IP 和多媒体技术在卫星中的应用已成为一个研究热点。ITU - R 于 1999 年 4 月在日内瓦举行了会议，会议上通过了 IP 和多媒体技术在卫星中的应用这一新技术课题提案，这对宽带卫星移动通信系统的发展具有重要影响。参加会议的有关人士认为，IP 很有可能成为未来的主要通信网络技术，大有取代目前占主导地位的 ATM 技术的势头。IP

数据包通过卫星传输的可用度和性能目标与 ATM 的建议要求是不同的。关于 IP 和多媒体技术在卫星中的应用目前要研究的主要有：卫星 IP 网络结构如何支持卫星 IP 运行的网络层和传输层协议的性能要求；卫星链路性能的更高层协议需要做什么样的潜在改善；IP 保密安全协议及相关问题对卫星链路的要求将产生什么影响。这种技术若能实现与地面 IP 网络兼容，将引起卫星通信业务的变革。

　　2）移动管理

　　为了解决目前的移动管理协议效率低的问题，近期提出了一系列的移动管理方案，例如一种基于 ATM 面向连接和面向非连接方式的混合模型的高效移动管理方案。其路由策略依据逻辑子网原理进行优化，提供满足服务质量要求的业务。

　　在无线 ATM 移动性目标管理方面，目前已解决了 ATM 终端用户在大楼或校园内的实时移动的管理问题，实验的移动距离从数米到数百米，数据速率为 $2\sim24$ Mb/s，频段为 2.4 GHz 或 5 GHz。但是，含有 ATM 交换机的子网整体的移动性管理至今未能解决。一个新的移动管理目标是在全球卫星与收信机间通信的特定环境下实现网络段的移动管理，这一目标可以发展为未来全球非 GEO 宽带卫星 ATM 系统的移动管理目标。目前有专家提议将 ATM 的专用网络节点接口（PNNI）V.1 协议扩展为一个支持网络段移动的有关定位管理和路由的协议。

　　由于用户与网络之间或网络与子网之间的移动性，要求将切换引入 ATM。如果没有切换支持，在一次正在进行的呼叫中，链路变化所造成的丢失将被应用层以一种类似其处理临时链路失败的方法处理。某些业务应用对短暂的中断是无法接受的，特别是接入点经常变化时，这种中断会频繁发生。故此这方面的研究是很重要的。

　　3）星上处理技术

　　为使星上设备小型化，提出使用 FPGA（现场可编程门阵列）。最新的 FPGA 具有先进的封装技术、抗辐射能力和现场可编程能力，在工程上容易实现星上处理硬件的高度小型化，而且速度较快，利于大批量生产。但目前所使用的抗辐射 FPGA，其选通时间较难匹配，并且 SRAMFPGA 的容量较小，读写速度也不够快。

　　4）多址技术和调制技术

　　为了提高宽带移动卫星通信系统的容量和业务质量，必须发展新的传输技术和调制技术。近年来 CDMA 多址技术和 OFDM（正交频分复用）多载波调制方式得到通信产品制造商的重视。由于 CDMA 技术具有联合信道估计和干扰消除的特点，因此采用此技术可实现多用户接收机的多用户检测功能，有利于通过消除干扰来提高系统容量。OFDM 的难点是它对系统的同步要求，特别是突发状态下传输的符号时间恢复问题，常规的同步算法不适用于具有快衰减特性以及突发传输要求的 NON－GEO 卫星信道。目前看来在宽带卫星移动通信系统中采用 ATM 与 CDMA 以及 OFDM 相结合的方式将是较为理想的方式。

　　5）信道编码

　　宽带卫星系统要求在较差的信道误码率情况下传输高速数据，这就要求有高效率的信道编/解码技术，以满足各类多媒体业务服务质量的要求。由于宽带多媒体业务质量要求的不同，则信道编码将要求采用速率可变的差错控制编码。另外应充分利用信源和信道的联合编码以提高系统的整体性能，同时尽量降低解码技术的复杂性。

　　总之，未来的卫星通信系统技术将有更进一步的发展，通信卫星的应用范围也将进一步扩展，前景非常广阔。

本 章 小 结

（1）简要介绍了北斗卫星导航系统组成及功能。

（2）宽带卫星 IP 系统中实现 IP 业务的主要技术有两种，一种是基于现有的数字视频广播（DVB）技术，另一种则是基于 UMTS 的 3GPP（第三代移动通信协议标准）技术。

（3）简要讨论了卫星通信技术的新应用，分析了其发展趋势。

习 　 题

8-1 画出基于 S-UMTS（Satellite-UMTS）的移动 IP 系统结构图。

8-2 简述北斗卫星导航系统的组成及工作原理。

8-3 简述卫星光通信的基本工作原理。

8-4 简要论述一下卫星通信的发展趋势。

参 考 文 献

[1] 刘国梁，容昆璧. 卫星通信. 西安：西安电子科技大学出版社，2002.

[2] 罗先明. 卫星通信. 北京：人民邮电出版社，1993.

[3] 孙学康，张政. 微波与卫星通信. 北京：人民邮电出版社，2002.

[4] 王秉钧，王少勇. 卫星通信系统. 北京：机械工业出版社，2004.

[5] 李白萍，吴冬梅. 通信原理与技术. 北京：人民邮电出版社，2003.

[6] 余涛，余彬. 位置服务. 北京：机械工业出版社，2005.

[7] 孙海山，李转年. 数字微波通信. 北京：人民邮电出版社，1996.

[8] 傅海阳，赵品勇. SDH 微波通信系统. 北京：人民邮电出版社，2000.

[9] 宋铮. 天线与电波传播. 西安：西安电子科技大学出版社，2004.

[10] 袁太平. 浅谈电力系统微波通信站的雷电防护. 中国电力通信网. 2004-5-30.

[11] 刘功亮，李晖. 卫星通信网络技术. 北京：人民邮电出版社，2015.

[12] 周辉，郑海昕，许定根. 空间通信技术. 北京：国防工业出版社，2010.

[13] （美）Louis J. Ippolito, Jr. 卫星通信系统工程. 孙宝升，译. 北京：国防工业出版社，2012.

[14] 全庆一. 卫星移动通信. 北京：邮电学院出版社，2000.

[15] 陈豪，胡光锐，邱乐德. 卫星通信与数字信号处理. 上海：上海交通大学出版社，2011.

[16] 李白萍，张鸣，龙光利. 数字通信原理. 西安：西安电子科技大学出版社，2012.